KB265398

향이네
참 쉬운
한 그릇 요리

간 편 해 서 좋 아

향이네

참 쉬운 한 그릇 요리

향이(함지영) 지음

시공사

어릴 때부터 우리 집엔 손님이 끊이지 않았어요. 엄마는 누가 찾아와도 귀찮은 내색 없이 새로 밥을 짓고, 보글보글 구수한 된장찌개를 끓이셨지요. 보잘것없는 푸성귀도 엄마의 손을 거치면 맛깔스러운 반찬으로 뚝딱 만들어져 손님 앞에 내어졌던 그 기억들……. 그 정성 어린 밥상 덕분에 엄마는 손맛 좋고 인심 좋은 분으로 정평이 나 있으시지요.
평생 가족을 위해 밥상을 손수 차려내시고, 세 딸의 도시락까지 챙기셨던 엄마.
오랜 시간이 흘러 그때 그 엄마의 마음으로, 이제는 엄마가 된 내가 가족을 위한 밥상을 차려냅니다.

이른 새벽부터 불이 켜지는 나의 부엌은 기분 좋은 도마 소리와 보글보글 찌개 끓는 소리, 밥 짓는 냄새로 가득 찹니다. 나의 사랑과 정성으로 식탁이 채워지고 맛있는 음식 냄새에 눈을 뜬 남편과 아이들이 마주 앉아요. 아침밥을 먹으며 도란도란 이야기를 나누며 시작되는 우리 집의 하루에는 언제나 웃음이 가득하지요.

이 책에는 나와 내 가족을 위한 영양 만점 한 그릇 요리를 담았습니다. 먹고 나면 든든할 것, 영양의 균형을 맞출 것을 기본적으로 고민하며 '빨리빨리'를 외쳐대는 바쁜 세상에서 쉽고 간단하게 만들어 먹을 수 있는 메뉴를 엄선했어요.

가족의 마음을 사로잡고, 입을 즐겁게 하고, 몸을 건강하게 만드는 맛있는 향이표 한 그릇 레시피는 밥하기 귀찮은 날, 반찬이 마땅치 않은 날 해 드시기에도 좋답니다. 이제 막 요리를 시작하는 분들도 어렵지 않게 도전할 수 있어요.

요리는 사람과 사람, 마음과 마음을 연결하는 통로라고 생각해요. 함께 밥을 먹으며 정(精)을 나누고, 마음을 나누고, 맛을 나누고……

이 책이 늘 당신의 부엌 어딘가에 자리하며, '오늘은 뭐 해 먹지?' 고민스러운 날, 맛있는 음식으로 당신과 당신 가족을 늘 행복하게 만들어 주기를 바랍니다. 마지막으로 이 책을 집필할 수 있도록 도와주신 사랑하는 가족, 특히 언제나 변치 않는 든든한 조력자 남편에게 감사의 마음을 전합니다.

사랑합니다.

2013년 7월 향이 함지영

contents

Chapter 1

남편 입맛에 꼭 맞춘
한 그릇 요리

Chapter 2

아이가 잘먹는
한그릇 요리

Chapter 3

나를위한 한그릇요리

알뜰살뜰하게
장 보는 요령

그날 먹을거리는 그때그때 구매해 요리하는 게 가장 좋은 방법이지만
매일 장을 보기란 쉽지 않은 일이지요.
음식이 상해서 버리는 일 없이 알뜰하게 장을 보는 노하우를 소개할게요.

메모의 습관화

새로 구매해야 할 물품이 생기면 그때그때 메모해 두세요. 장을 보기 전 반드시 냉장고 등을 살펴 음식 재료를 확인하고, 구매할 것과 그렇지 않은 것을 정리하는 것이 좋아요. 메모하는 습관을 기르면 충동구매를 막고 보다 체계적으로 장을 볼 수 있답니다.

> **Note.** 일주일치 식단을 미리 짜 보세요.
>
> 일주일치 식단을 미리 짜 놓으면 식단이 한눈에 보이니 비슷한 종류끼리 묶어 장 보기 목록을 작성할 수 있어요. 장을 볼 때 이리저리 헤매지 않아도 되기 때문에 시간도 절약돼요.

제철 먹을거리 활용하기

우리나라는 계절마다 제철 먹을거리가 아주 풍부하지요. 제철에 나는 먹을거리는 저렴할 뿐 아니라 신선하고 영양가도 높아 이를 활용해 요리하면 가족 건강과 입맛까지 챙길 수 있어요. 제철에 나는 먹을거리를 미리미리 체크해 두었다가 식단 짤 때 활용하세요.

기본적인 양념, 재료 항시 구비하기

고춧가루, 설탕, 소금, 된장, 고추장 등은 요리할 때 꼭 필요한 기본양념이지요. 요리할 때 재료가 떨어져 허둥대는 일을 막으려면 기본양념들이 부엌에 항상 준비되어 있어야 해요. 또, 제철 먹을거리나 가격이 저렴한 재료를 넉넉히 구매해 한 번 사용할 분량씩 냉동 또는 냉장 보관해 두면 오래 보관할 수 있고 필요할 때마다 신선하게 활용할 수 있어요.

똑똑하게
음식재료 보관하기

음식재료는 보관 방법이 매우 중요해요.
잘못된 보관법으로 음식재료가 상해서 먹어보지도 못하고 버리게 되면 속상하지요.
재료에 따라 적절한 보관법을 알려드릴께요.

고기 | 한 끼 먹을 분량씩 나눈 다음 냉동하면 2주 정도 보관하며 먹을 수 있어요. 부위별, 용도별(볶음용, 찌개용, 구이용)로 따로 구분하여 보관하세요.

채소 | 연한 잎채소를 씻어서 보관하면 상하기 쉬우니 씻지 않은 상태로 키친타올로 감싸 냉장고 채소칸에 세워서 보관해요. 뿌리채소는 신문지 등으로 감싸 보관해요.

파 | 껍질을 깐 뒤 밀폐용기에 세워 냉장 보관하면 더욱 오래 신선함이 유지돼요.

마늘 | 껍질을 벗겨 씻은 뒤 물기를 빼고 다진 후 얼음팩이나 비닐팩에 얇게 펴 넣어 냉동 보관해요. 요리할 때마다 조금씩 떼어 쓸 수 있어 편하고 보다 오래 신선하게 먹을 수 있어요.

생강 | 물을 조금 넣고 갈아 비닐팩에 납작하게 넣어 필요할 때마다 조금씩 떼어 쓰면 편리해요.

양파 | 서늘하고 통풍이 잘 되는 실온에서 보관해요. 양파 수확철에 단단한 것으로 넉넉히 구입해 놓으면 오랫동안 썩지 않게 보관할 수 있어요.

요리의 기본,
재료 계량하기

맛 좋은 요리를 위해서는 음식재료와 양념의 양을 제대로 맞추는 것이 중요해요.
다양한 방법으로 계량할 수 있답니다.

계량 도구를 사용해야 하는 이유

레시피대로 만들었는데 맛있게 완성되지 않아 고민이라면 반드시 계량 도구를 사용하세요. 베테랑 주부들은 눈짐작, 손짐작만으로도 간을 맞추고 맛을 낼 수 있지만 요리 초보들에게는 어려운 일이거든요. 계량 도구를 사용하면 요리하기가 한결 편해져요.

계량스푼 사용법

소금이나 고춧가루 등 분말류는 계량스푼에 담은 후 젓가락 등으로 윗면을 깎아서 계량해요. 간장, 식초 등의 액체류는 계량스푼에 가득 담아 계량해요.

밥숟가락 & 종이컵 계량법

이 책은 계량스푼과 계량컵을 기준으로 레시피를 만들었어요. 만약 계량 도구가 없어도 걱정하지 마세요. 밥숟가락, 종이컵 등으로 계량할 수 있어요.

A 밥숟가락 계량법

분말류 계량(소금, 설탕, 밀가루 등)

1큰술(15mL) : 밥숟가락으로 수북이 떠서 볼록하게 올라오도록 담는다.

1/2큰술(7.5mL) : 밥숟가락의 2/3 정도 볼록하게 차도록 담는다.

1작은술(5mL) : 밥숟가락의 1/3 정도 볼록하게 담는다.

---------- **장류 계량**(고추장, 된장 등) ----------

1큰술 : 밥숟가락으로 수북이 담는다.

1/2큰술 : 밥숟가락의 2/3 정도 볼록하게 담는다.

1작은술 : 밥숟가락의 1/3 정도 볼록하게 담는다.

---------- **액체류 계량**(간장, 식초, 참기름 등) ----------

1큰술 : 밥숟가락으로 2번 담는다.

1/2큰술 : 밥숟가락으로 1번 담는다.

1작은술 : 밥숟가락으로 2/3를 담는다.

B 종이컵 계량법

1컵(200mL) : 종이컵에 가득 담는다.

3/2컵(120mL) : 종이컵에 2/3를 담는다.

1/2컵(90mL) : 종이컵에 1/2을 담는다.

파스타, 국수 1인분(50g) : 엄지손가락을 펴고 검지를 엄지손가락 마디에 닿게 구부려 쥔다.

무 1토막 (150g) : 무는 150g 정도가 1토막이다.

콩나물, 나물 1줌 : 콩나물이나 나물류는 손으로 자연스럽게 한가득 잡은 게 1줌이다.

주요 재료의 30g 계량법

모차렐라 치즈 30g

밀가루 30g

배추 30g

버섯 30g

햄 30g

다진 고기 100g

덩어리 고기 100g

무 100g

시금치 100g

콩나물 100g

그 외 알아두기

1꼬집, 조금, 약간 소금이나 후춧가루 등을 엄지와 검지로 살짝 잡은 정도를 말해요.

적당량 부침을 할 때 식용유, 토핑으로 사용되는 재료 등은 '적당량'이라고 표기했어요.

재료 음식을 만들기 위해 꼭 필요한 재료를 말해요. 있으면 좋지만 기본적인 맛을 내는 데 크게 영향을 미치지 않는 재료는 다른 비슷한 재료로 대체하거나 빼도 괜찮아요.

소스, 드레싱 음식을 만들기 전에 미리 섞어 준비해 놓으면 요리하기 훨씬 수월해요.

집에서 참 쉽게 만드는
기본 육수 & 양념

음식의 맛과 간을 좌우하는 비결은 바로 육수에 있어요.
몇 가지 육수 내는 방법을 간단히 살펴보아요.

멸치 육수

가장 기본이 되는 육수로 깔끔하고 시원한 맛이 나요.
국, 찌개 등 다양한 국물요리의 베이스로 활용해요.

재료 다시멸치 1줌, 디포리 10마리, 북어 대가리 2개,
건다시마 사방(5cm) 5장, 양파 1/2개, 대파 1/2대, 물 2.5L

1

2

3

멸치는 팬에 볶아 비린 맛을 제
거하고 망에 담아 나머지 재료들
과 함께 냄비에 넣은 뒤 물을 붓
고 끓인다.

10분쯤 끓으면 다시마와 멸치
를 먼저 건져내고 중불로 줄여
20~30분 정도 뭉근히 끓인다.
멸치를 넣고 오래 끓이면 떫은맛
이 날 수 있으니 시간을 꼭 지키
는 것이 중요하다.

육수가 완성되면 면보나 체에 건
더기를 걸러 내고 맑은 육수만
사용한다.

tip
냉장 보관의 경우 동절기에는 4~5일,
하절기에는 2~3일 정도 가능해요.
냉동하면 1달 정도 보관할 수 있어요.

쇠고기 육수

쇠고기 육수는 구수하고 감칠맛이 나는
건강식 육수로 음식에 넣으면 깊은 맛을 내줘요.
한식, 양식 등의 국물요리에 다양하게 활용돼요.

재료 쇠고기(양지머리) 250g, 당근 1/3개, 양파 1/2개,
대파 1/2대, 깐 마늘 1/2줌, 통후추 1작은술, 청주 50mL, 물 2L

1

쇠고기는 찬물에 30분 정도 담
가 핏물을 제거한다.

2

냄비에 쇠고기와 나머지 재료를
넣고 물을 붓고 끓인다.

3

보글보글 끓으면 약불로 줄여
30~40분 정도 더 끓이다가 청
주를 넣어 한소끔 더 끓인다.

4

면보나 체에 건더기를 걸러 차갑
게 식히고 윗면의 굳은 기름은
제거한다.

tip
냉장 보관의 경우 동결기에는 3~4일,
하결기에는 1~2일 정도 가능해요.
냉동하면 1달 정도 보관할 수 있어요.

닭 육수

닭과 채소를 이용한 육수로 중국요리에 자주 사용해요.
그 외에도 칼국수, 죽, 이유식, 조림요리 등
다양하게 활용돼요.

재료 닭다리 4조각, 깐 마늘 1줌, 양파 1/3개, 대파 1/2대, 통후추 1작은술, 물 2L

1 닭다리는 껍질을 벗기고 지방을 제거한다.

2 냄비에 닭다리와 나머지 재료들을 넣고 끓이다가 중불로 줄여 1시간 정도 뭉근히 끓인다.

3 면보나 체에 건더기를 걸러내고 맑은 육수를 낸다.

tip
냉장 보관의 경우 동절기에는 2~3일,
하절기에는 1~2일 정도 가능해요.
냉동하면 2주 정도 보관할 수 있어요.

채소 육수

요리를 하고 남은 자투리 채소들을 모아 만드는 육수로
깔끔하고 담백한 맛이 나요. 만둣국, 샤부샤부,
전골요리 등에 사용하면 좋아요.

재료 양배추잎 3장, 마른 표고버섯 4개, 무 300g, 파뿌리 1줌,
양파 1/2개, 청양고추 2개, 당근 50g, 물 2L

1

양배추는 겉잎을 떼고 다른 재료
는 깨끗이 씻는다.

2

냄비에 모든 재료를 넣고 물을
부어 끓인다.

3

끓기 시작하면 중불로 줄여 뭉근
히 끓인 뒤 면보나 체에 건더기
를 걸러 맑은 육수를 낸다.

tip
냉장 보관의 경우 동절기에는 6~7일,
하절기에는 2~3일 정도 가능해요.
냉동하면 1주 정도 보관할 수 있어요.

맛간장

간장과 향신료, 채소, 과일 등으로 맛을 낸 간장이에요.
조림, 볶음, 무침 등 다양한 요리에 활용해요.

재료 양조간장 500mL, 황설탕 2.5큰술, 채소 육수 60mL,
맛술 80mL, 청주 50mL, 사과 1/2개, 레몬 2/3개, 생강 20g

※ 채소 육수 만들기는 19쪽 참조

1. 생강은 껍질을 까고 사과와 레몬은 껍질째 깨끗이 씻어 얇게 썬다.

2. 간장, 설탕, 채소 육수, 맛술, 생강을 넣어 끓인다.

3. 보글보글 끓으면 청주, 사과, 레몬을 넣은 뒤 불을 끄고 뚜껑을 덮어 10시간 정도 둔다.

4. 면보나 체에 건더기를 걸러 내고 간장만 담는다.

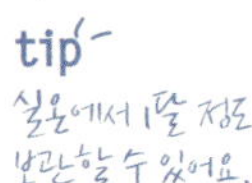

tip
실온에서 1달 정도
보관할 수 있어요.

생강술

생강술은 고기요리나 생선요리에 사용해요.
재료의 잡맛이나 비린맛을 잡아주어
요리의 맛을 한층 좋게 해준답니다.

재료 생강 100g, 청주 400mL

1

생강은 껍질을 숟가락 등으로 긁어내고 깨끗이 씻어 편으로 썬다.

tip
냉장고에서 15일에서 한 달 정도 보관할 수 있어요.

2

믹서기에 편으로 썬 생강과 청주를 넣어 곱게 간다.

3

밀폐용기나 병에 담아 실온에서 3일 정도 숙성시킨 후 생강과 술이 분리되면 고운 체에 걸러 찌꺼기는 버리고 술만 밀폐용기에 넣어 냉장 보관한다.

남편 입맛에
꼭 맞춘
한 그릇 요리

바쁜 업무와 잦은 음주에 시달리는 남편을 위한
건강식 메뉴입니다. 매번 식탁에 밥과 국, 반찬
까지 완벽하게 차려내기란 쉬운 일이 아니지요.
부드럽고 따끈한 죽 한 그릇, 얼큰하고 개운한
국밥 한 그릇, 영양 만점 한 그릇 보양식 등 간편
하게 차릴 수 있고 맛있게 먹을 수 있는 메뉴를
소개합니다.

새우양파덮밥

어릴 적 햇양파가 한창인 봄이면 엄마는 상에 꼭 양파볶음을 올려주셨어요.
연하고 아삭아삭, 맵지 않은 햇양파를 채썰어 볶아낸 양파볶음은 달큼하니
참 맛있었던 기억이 납니다. 양파는 피를 맑게 하고 혈압을 낮추는 효능이 있는데요,
여기에 새우살을 더해 맛있는 덮밥을 만들었어요.

새우살은 후춧가루와 청주에 버무려 밑간하고 양파는 채썰고 대파는 어슷썬다.

분량의 재료를 섞어 **볶음소스**를 만든다.

재료 양파(중) 1개, 대파(3cm) 1대, 새우살 80g, 참기름 1/2작은술, 통깨 1/3작은술, 후춧가루 1꼬집, 청주 1작은술, 물녹말 1큰술(물:녹말=1:1), 식용유 적당량

볶음소스 간장·고춧가루 1큰술, 다진 마늘 1/2작은술, 설탕 1/3작은술, 올리고당 1/2큰술, 물 3큰술

달군 팬에 식용유를 두르고 밑간해 둔 새우를 넣어 볶다가 양파를 넣고 볶는다.

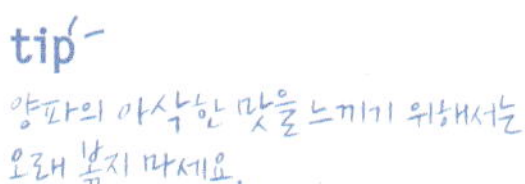

양파의 숨이 적당히 죽으면 **볶음소스**를 넣고 함께 볶는다.

tip-
양파의 아삭한 맛을 느끼기 위해서는 오래 볶지 마세요.

썰어 둔 대파와 참기름, 통깨, 물녹말을 넣어 한 번 더 볶는다.

오목하고 넓은 그릇에 밥과 함께 ⑤를 얹어 낸다.

꽃게장비빔밥

꽃게가 제철을 맞으면 친정엄마는 살이 꽉찬 꽃게살을 발라 양념에 버무려
신선한 채소와 밥을 함께 담아 비빔밥을 만들어 내셨어요.
그 달짝지근한 맛이 얼마나 좋았던지······.
손맛 좋은 엄마 비법 그대로, 남편을 위한 영양식으로 준비해 봅니다.

꽃게는 흐르는 물에 솔로 깨끗이
씻어 살과 내장을 발라낸다.

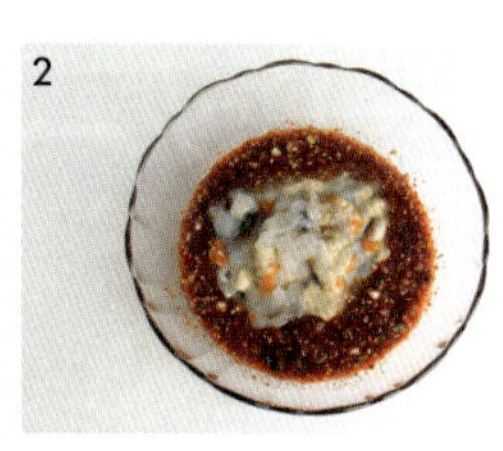

분량의 재료를 섞어 만든 **양념장**
에 꽃게살을 넣고 버무린다.

재료 암꽃게(중) 2마리, 쌈채소 3~4
장, 오이 1/4개, 당근 1/6개, 청양고추
1개, 밥 1/2공기, 참기름 1작은술, 통
깨·새싹채소 적당량

양념장 고춧가루·간 양파·다진 파
2큰술, 설탕·참기름·간장·배즙 1큰
술, 다진 마늘·매실청·청주 1작은술,
후춧가루 1/3작은술, 생강즙·통깨 1/2
작은술

쌈채소는 굵게 채썰고 오이와 당
근은 채썰고 청양고추는 송송 썰
어 준비한다.

넓은 그릇에 밥을 적당히 담은
뒤 ③과 새싹채소를 얹고 그 위
에 ②를 넉넉히 얹는다. 참기름
과 통깨를 뿌려 낸다.

tip
신선함을 위해 꽃게는
반드시 살아있는 것으로 준비하세요.

Chapter 1 : 남편 입맛에 꼭 맞춘 한 그릇 요리

서울 토박이인데도 해물을 유난히 좋아하는 남편 덕분에
자연스럽게 해물 요리가 밥상 위에 많이 오르게 되었어요.
남편이 좋아하는 해물을 모아 매콤하게 볶은 뒤 밥과 함께 담았어요.
먹고 나면 온몸이 후끈해진답니다.

오징어, 관자, 새우살은 한입 크기로 썰고 당근과 애호박은 나박썰고 양파는 채썰고 대파와 청양고추는 어슷썬다.

분량의 재료를 섞어 **양념장**을 만든다.

재료 오징어 1/2마리, 관자 1개, 새우살 10개, 애호박 1/4개, 양파·홍고추 1/2개, 청양고추 1개, 당근 1/6개, 대파 1/3대, 다진 마늘·참기름 1작은술, 밥 1/2공기, 고추기름·물녹말 2큰술(물: 녹말=1:1)

양념장 고춧가루·굴소스·올리고당 1큰술, 간장 2/3큰술, 설탕·맛술 1작은술, 생강즙 1/2작은술

달군 팬에 고추기름을 두르고 대파와 다진 마늘을 넣어 향을 내며 볶는다.

③에 오징어, 관자, 새우살을 넣고 함께 볶는다.

해물이 익기 시작하면 당근, 애호박, 청양고추, 홍고추, 양파를 넣어 볶고 **양념장**을 넣어 더 볶다가 물녹말을 넣고 계속 볶는다.

다 볶아지면 마지막에 참기름을 넣어 한 번 더 볶아 밥 위에 얹어낸다.

tip
물녹말은 물과 녹말가루를 1:1 비율로 섞어 만들어요.

Chapter 1 : 남편 입맛에 꼭 맞춘 한 그릇 요리

강된장 부추비빔밥은 어렸을 때 외할머니가 자주 해주던 음식이에요.
어린 나이에도 잘 익은 된장을 자작하게 끓여낸 강된장에 부추를 듬뿍 넣어
비벼 먹는 맛이 참 좋았어요. 부추는 혈액순환을 원활하게 해주고
해독 작용을 해주는 몸에 좋은 채소랍니다.

표고버섯, 양파, 애호박은 잘게
깍둑썰고 청양고추와 대파는 송
송 썰고 쇠고기는 밑간한다.

달군 팬에 들기름을 두르고 쇠고
기와 양파, 다진 마늘을 넣어 볶
다가 표고버섯, 애호박, 청양고
추도 넣어 볶는다.

재료 쇠고기 150g, 양파 1/3개, 애호
박 1/4개, 표고버섯 1개, 대파 1/3대,
청양고추 2개, 된장 3큰술, 다진 마늘
1작은술, 고추장·들기름 1큰술, 고춧
가루 1/2큰술, 설탕 1/3작은술, 멸치
육수 1/4컵, 밥 적당량

쇠고기 밑간 후춧가루 1/3작은술, 청
주 1/2큰술

부추무침 부추 10대, 고춧가루 1/2작
은술, 참기름 1작은술, 통깨 1/3작은술

②에 된장, 고추장, 고춧가루, 설
탕을 넣어 볶다가 멸치 육수를
넣고 끓여 강된장을 만든다.
※멸치 육수 만들기는 16쪽 참조

보글보글 끓으면 대파를 넣고 한
소끔 더 끓인다.

tip-
강된장을 만들 때에는
된장을 넣은 후
너무 오래 끓이지 마세요.

부추는 2~3cm 길이로 썰고 고
춧가루, 참기름, 통깨를 넣고 버
무려 **부추무침**을 만든다.

그릇에 밥을 적당히 담고 **부추무
침**과 강된장을 얹어 낸다.

새우버섯영양밥

버섯은 열량이 낮고 섬유소가 풍부해 비만을 예방하고,
새우는 칼슘과 타우린이 풍부하게 들어있어
고혈압을 예방한다고 해요.
이렇게 건강에 좋은 새우와 버섯이 만나
고단백 저칼로리 영양밥이 탄생했어요.

1

쌀은 30분 정도 불리고 표고버섯, 양송이버섯은 두툼하게 썬다. 맛타리버섯은 먹기 좋은 크기로 찢는다.

2

새우는 껍질을 벗겨 밑간한다.

3

솥에 불린 쌀을 넣고 간장과 참기름을 넣어 섞은 후 다시마 우린 물을 넣어 밥물을 잡아준다.

4

③에 표고버섯, 양송이버섯, 맛타리버섯, 다진 당근을 올려 끓인다.

5

④가 보글보글 끓어 밥물이 잦아들면 주걱으로 살살 섞은 후 밑간해 둔 새우와 다진 브로콜리를 올려 약불로 줄인 뒤 15~20분 정도 뜸을 들인다.

부추간장 만들기

재료 송송 썬 부추 3큰술, 물·간장 1큰술, 설탕 1꼬집, 참기름 1/2큰술, 통깨 1작은술

⋯ 분량의 재료를 모두 섞어 만든다.

6

밥이 다 되면 주걱으로 살살 섞어 밥을 담아 낸다.

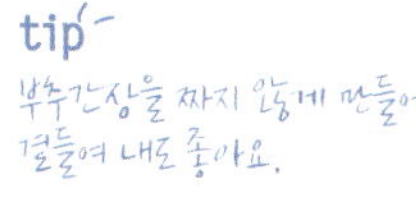

단호박해물찜

달큰한 단호박과 매콤한 해물찜의 환상궁합.
위낙 유명한 음식이라 비싼 돈을 주고 사먹기도 하지만
집에서도 간단하게 만들어 먹을 수 있어요.

재료 단호박 1개, 모둠 해물 1컵, 양파 1/2개, 파프리카·당근 1/3개, 깐 마늘 4쪽, 대파 1/4대,
버터 1/2큰술, 모차렐라 치즈 2줌, 청주 1큰술, 파슬리 가루 적당량

양념장 고추장·올리고당·맛술 1큰술, 고춧가루 2큰술, 매실청·다진 마늘 1/2큰술,
참기름·설탕 1작은술, 후춧가루 1/3작은술

1 해물은 소금물에 살살 흔들어 씻어 물기를 빼고 양파, 파프리카는 깍뚝썰고 대파는 어슷썰고 마늘은 편으로 썬다.

2 분량의 재료를 모두 섞어 **양념장**을 만든다.

3 단호박의 꼭지 부위를 썰어내고 속을 파낸 후 전자레인지에 약 4분 돌린다.

4 끓는 물에 청주를 넣고 해물을 살짝 데친다.

5 달군 팬에 버터를 녹인다.

6 ⑤에 해물을 넣어 볶는다.

7 ⑥에 양파, 파프리카, 마늘, 대파, 당근을 넣어 볶다가 **양념장**을 넣고 계속 볶는다.

8 단호박에 ⑦을 넣어 채운 뒤 모차렐라 치즈를 얹어 220℃ 예열된 오븐에서 15~20분간 굽는다. 단호박을 2~3cm 간격으로 잘라 꽃처럼 담고 파슬리 가루를 뿌려 낸다.

tip
해물은
센불에서 단시간에 볶아야
비린맛이 나지 않아요.

35

장조림버터비빔밥

장조림 버터비빔밥은 스쿨푸드로 유명한 음식점의 인기 메뉴라고 합니다.
남편이 어느 날 그 밥을 먹고 오더니 모양새와 맛을 설명해주며 어릴 때 먹던
바로 그 맛이라더군요. '과연 어떤 맛일까?' 호기심에 따라 만들어 보았는데
생각보다 쉽고 맛있었어요. 장조림 버터비빔밥으로 어릴 때 추억을 느껴보세요.

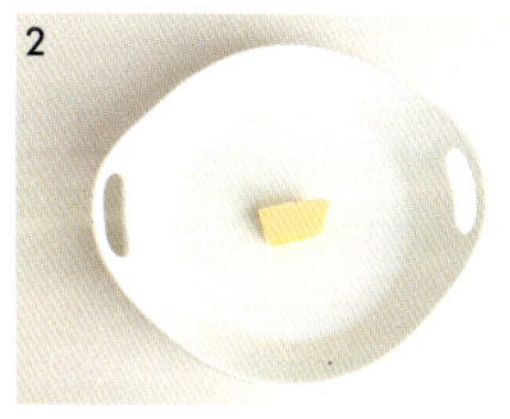

달걀에 소금을 넣어 풀고 무장아찌는 채썬다.

그릇 중앙에 버터를 얹는다.

버터 위에 밥을 얹는다.

밥 위에 무장아찌와 장조림을 얹는다.

달걀은 식용유를 두른 팬 위에서 스크램블 하듯 저으며 지단을 부쳐 ④위에 덮는다.

달걀지단 위에 후리카케를 솔솔 뿌린다.

Chapter 1 : 남편 입맛에 꼭 맞춘 한 그릇 요리

땅의 기운을 듬뿍 받아 건강에 참 좋은
우엉, 연근, 당근 등의 뿌리채소를 넣어 밥을 지었어요.
여기에 달래 양념장을 곁들이면 몸에 좋은 고소한 한 그릇 밥이 완성!

1

우엉은 어슷썰고 당근은 잘게 나
박썰고 연근과 표고버섯은 깍뚝
썬다.

2

불린 쌀과 ①을 냄비에 넣고 섞
는다.

재료 불린 쌀 1컵, 우엉(5cm) 1토막,
연근 1/2개, 당근 1/3개, 표고버섯 3
개, 간장·청주·들기름 1/2큰술, 밥에
넣는 다시마 1작은술. 물 1컵

달래 양념장 달래 6대, 간장 1큰술,
물 1/2큰술. 다진 마늘 1/3작은술, 고
춧가루 1/2작은술, 설탕 1꼬집, 깨소금
1작은술

3

②에 물을 붓고 간장을 넣어 섞
는다.

4

③에 밥에 넣는 다시마를 넣고
잘 섞은 후 끓인다. 밥물이 잦
아들면 위아래를 한번 주걱으
로 살살 뒤집어 준 후 약불에서
15~20분 정도 뜸들인다.

tip
뿌리채소 대신 마른 묵나물을 넣어주면
맛있는 나물밥이 되지요.

달래를 송송 썰고 분량의 재료를
넣어 **달래 양념장**을 만든다.

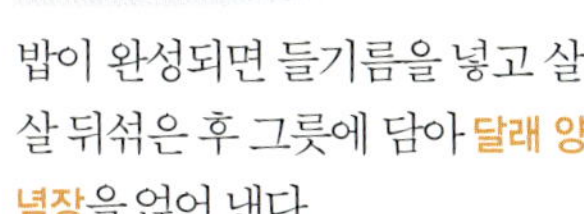

6

밥이 완성되면 들기름을 넣고 살
살 뒤섞은 후 그릇에 담아 **달래 양
념장**을 얹어 낸다.

전복영양밥

전복에는 다른 생선에 비해 더 많은 단백질이 함유되어 있어요.
또한 각종 무기질이 풍부하고 칼로리와 지방 함량이 낮아
부담 없이 먹을 수 있지요. 전복을 넣고 지은 밥은
부족한 영양을 보충하기에 아주 그만이에요.

전복은 손질해 내장과 살을 분리한 후 채썰고 껍질 벗긴 은행과 대추를 채썬다.

냄비에 불린 쌀과 물을 넣고 전복 내장을 갈아 넣은 뒤 참기름을 넣고 섞어 밥물을 잡는다.

재료 불린 쌀 2컵, 전복(중) 3마리, 은행 5~6개, 대추 2개, 참기름 1/2큰술, 물 2컵

쪽파 양념장 쪽파 4대, 홍고추 1/2개, 간장·참기름 1큰술, 깨소금·매실청 1작은술

보글보글 끓이다가 밥물이 잦아들기 시작하면 두어 번 주걱으로 뒤섞으며 계속 끓인다.

밥이 끓는 동안 쪽파와 홍고추를 송송 썬 뒤 분량의 재료를 넣어 **쪽파 양념장**을 만든다.

tip-
전복은 솔로 깨끗이 씻어 숟가락을 이용해 껍질과 분리합니다. 살과 내장을 분리하고 전복살 앞쪽의 전복이를 제거한 후 사용하세요.

③의 밥물이 자작하게 줄면 약불로 줄인다. 이때 전복과 은행, 대추를 넣어 15~20분 정도 뭉근히 뜸들인다.

밥이 완성되면 골고루 섞어 넓은 그릇에 담고 **쪽파 양념장**을 얹어낸다.

스테이크샐러드

채소를 잘 먹지 않는 어린이 입맛 남편에게 채소 먹이기 프로젝트!
남편이 좋아하는 스테이크를 채소에 곁들이면 든든하면서도
근사하고 맛있는 샐러드가 완성된답니다.

쇠고기는 밑간한다.

샐러드용 채소는 손으로 찢어 찬 물에 담가 두었다가 물기를 제거한다.

분량의 재료를 섞어 **샐러드 소스**를 만든다.

달군 팬에 올리브유를 두르고 고기를 굽는다.

구운 고기는 한입 크기로 먹기 좋게 썬다.

접시에 샐러드 채소를 올리고 한입 크기로 썰어 놓은 고기, 방울토마토를 올린 뒤 **샐러드 소스**를 끼얹어 낸다.

골뱅이무침과 쫄면

업무에 지치기 시작하는 주 중반, 쫄면을 좋아하는 남편을 위해
특별한 한 그릇을 준비합니다. 매콤한 골뱅이무침에는
국수보다 쫄면을 곁들이는 것이 더 맛있어요. 여기에 시원한 맥주 한잔이면
남편의 입맛도 up, 지친 기분도 up~

골뱅이는 물기를 빼고 오이는 반
으로 갈라 어슷썰고 청양고추는
송송 썰고 양파, 당근은 채썬다.

대파와 깻잎을 채썰어 찬물에 담
가 두었다가 물기를 뺀다.

재료 골뱅이 250g, 쫄면 150g, 오이
1/2개, 양파 1/3개, 당근 1/4개, 청양고
추 1개, 대파 1대, 깻잎 10장, 통깨 1/2
작은술

양념장 고추장 1큰술, 고춧가루·사
과즙·매실청 2큰술, 다진 마늘·참기
름·설탕 1작은술, 식초 1.5큰술, 소금
1꼬집

분량의 재료를 모두 섞어 **양념장**
을 만든다.

쫄면은 가닥가닥 떼어내어 끓는
물에 넣어 쫄깃하게 삶은 후 찬
물에 조물조물 주물러 씻고 물기
를 뺀다.

tip
콩나물을 삶아
채소 버무릴 때
함께 넣어줄 맛있어요.

볼에 ①, ②를 넣고 **양념장**을 넣
어 버무린다.

통깨를 솔솔 뿌려 계속 버무린
뒤 접시에 쫄면과 함께 담는다.

마늘찹스테이크

찹스테이크는 초보자도 쉽게 만들 수 있는 요리 중 하나예요.
쇠고기 안심의 부드러우면서도 고소한 맛이 일품이지요.
항암효과에 좋다는 마늘을 통째로 넣어
더욱 건강해지고 맛도 업그레이드되었어요.

마늘은 칼을 뉘어서 한 번 눌러
준비하고 브로콜리, 파프리카,
양파는 큼직하게 깍둑썬다.

쇠고기는 한입 크기로 썰어 밑간
한다.

달군 팬에 올리브유를 두르고 마
늘을 넣어 향을 돋우다가 쇠고기
를 넣고 굽는다.

③에 스테이크 소스와 머스터드
소스, 케첩, 브로콜리, 파프리카,
양파를 넣어 함께 볶는다.

Chapter 1 : 남편 입맛에 꼭 맞춘 한 그릇 요리

채소를 따로 먹는 것을 좋아하지 않는 남편을 위한 요리예요.
밥 위에 갖은 나물과 채소를 예쁘게 올리면
남편이 좋아하는 비빔밥이 완성!

1

쇠고기는 얇게 채썰어 밑간해 조물조물 주물러 잠시 재워둔다.

2

표고버섯, 애호박, 당근은 채썰고 콩나물은 데친 뒤 물기를 빼고 달걀은 노른자, 흰자를 분리한다.

재료 밥 1/2공기, 쇠고기 100g, 표고버섯 3개, 애호박·당근 1/3개, 콩나물 1줌, 달걀 1개, 소금 4꼬집, 참기름 약간, 식용유 적당량

쇠고기 밑간 간장·청주·참기름 1/2작은술, 다진 마늘 1/3작은술, 설탕 1작은술

양념장 고추장 2큰술, 참기름·꿀 1큰술, 통깨 1/2작은술

3

콩나물에 소금 1꼬집, 참기름을 약간 넣어 버무린다.

4

표고버섯, 당근, 애호박은 달군 팬에 식용유를 두르고 각각 소금 1꼬집씩 넣어 따로 볶는다.

5

쇠고기는 달군 팬에 물기 없이 볶는다.

6

달걀노른자와 흰자는 각각 지단을 부쳐 채썬다.

7

분량의 재료를 섞어 **양념장**을 만든 뒤 달군 팬에 넣어 볶아 볶음고추장을 만든다.

8

그릇에 밥을 적당히 담고 준비한 고명을 골고루 올린 후 중앙에 볶음 고추장을 올려 낸다.

수란야끼우동

밥은 지겹고 면이 그리운 날 간편하게 만들어 먹을 수 있는
맛깔스러운 우동 한 접시! 간장 소스에 맛있게 볶아 만든
야끼우동 한 그릇 뚝딱 하고 나면 배가 든든해져요.

양배추와 베이컨은 한입 크기로
썰고 피망과 양파는 채썬다.

분량의 재료를 모두 섞어 **소스**를
만든다.

재료 우동면 1인분, 베이컨 4장, 숙주
1줌, 양배추잎 3장, 미니피망 1개, 양
파 1/4개, 식용유 1작은술, 가쓰오브시
1큰술

소스 굴소스 1/2큰술, 간장 2/3큰술,
청주·맛술 1큰술, 후춧가루 1꼬집

수란 달걀 1개, 물 4컵, 소금 1꼬집,
식초 1/2작은술, 식용유 약간

냄비에 물과 소금, 식초를 넣어
팔팔 끓인다. 국자에 식용유를
발라 끓는 물 위에 국자바닥을
대고 예열한 후 달걀을 깨트려
국자 위에 넣고 끓는 물을 살살
끼얹어 반숙으로 익힌다.

달군 팬에 식용유를 두르고 베이
컨과 양파를 볶다가 양배추와 피
망을 넣어 함께 볶는다.

tip
우동면은 미리 끓는 물에 넣어
풀어놓았다 사용하세요.

우동면과 **소스**를 넣어 볶는다.

숙주를 넣어 한 번 더 볶아 그릇
에 담고 수란을 얹은 뒤 가쓰오
브시를 뿌려 낸다.

남편이 과음한 다음 날 잔소리 대신 해장을 위한 아침상을 차려 봅니다.
얼큰하고 시원한 국물에 개운한 맛이 일품인 김치콩나물국밥 한 그릇이면
세상에 하나뿐인 천사 아내가 될 수 있지요.

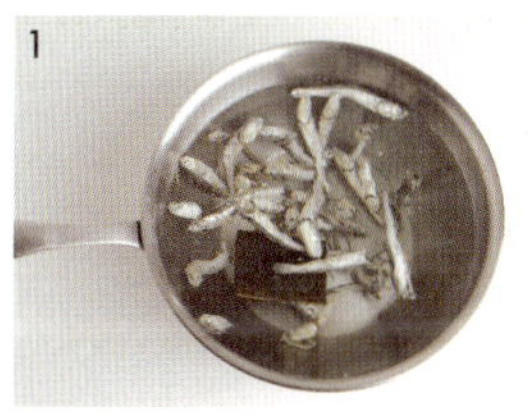

냄비에 **육수** 재료를 섞어 우린 뒤 체에 건더기를 건지고 맑은 육수만 준비한다.

김치와 청양고추, 홍고추, 대파는 송송 썰고 콩나물은 깨끗하게 씻는다.

재료 · 밥 1/2공기, 잘 익은 김치 1/4쪽, 콩나물 1줌, 청양고추 1개, 홍고추 1/2개, 대파(10cm) 1대, 새우젓 2/3큰술, 고춧가루 2/3작은술, 설탕 1꼬집

육수 물 3.5컵, 다시멸치·북어포 1/2컵, 다시마(사방 3cm) 1장

육수에 김치와 고춧가루, 설탕을 넣고 끓인다.

보글보글 끓으면 콩나물을 넣고 20분 정도 더 끓인다.

대파, 청양고추, 홍고추, 새우젓을 넣어 한소끔 더 끓인다.

넓은 그릇에 밥을 담고 ⑤를 넉넉히 부어 낸다.

tip
먹기 직전 김채나
달걀노른자를 얹으면 더 맛있어져요.

떡갈비쌈밥

가끔 주말에 출근하는 남편을 위해 도시락을 준비해주곤 해요.
밥 위에 남편이 좋아하는 떡갈비를 얹어 한입에 쏙쏙 먹을 수 있도록
푸릇한 쌈채소에 말았어요. 야외에서도 간편하게 즐길 수 있어
주말 나들이용으로도 좋아요.

쇠고기는 칼로 잘게 다지고 분량의 재료를 섞어 **쌈장**을 만든다.

간 쇠고기에 **떡갈비 양념** 재료를 넣어 골고루 치댄다.

재료 쇠고기 300g, 잣가루 1큰술, 쌈채소 적당량, 밥 1공기, 참기름 1작은술, 통깨 약간

쌈장 쌈장 2큰술, 다진 양파 1/2큰술, 다진 청양고추 1/2작은술, 참기름 1작은술

떡갈비 양념 간장·설탕 1큰술, 참기름 1/5큰술, 다진 대파 3큰술, 다진 마늘·올리고당 1/2큰술, 생강즙 1/2작은술, 간 양파·청주·통깨 1작은술, 후춧가루 1꼬집

유장 간장 1/2큰술, 물엿 1큰술

양념된 고기를 한입 크기로 동그랗게 빚는다.

달군 팬에 동그랗게 빚은 떡갈비를 올려 **유장**을 바르며 굽는다.

고슬하게 지은 밥에 참기름과 통깨를 넣어 섞은 후 동그랗게 빚어 쌈채소에 하나씩 싼다.

쌈채소에 싸인 밥 위에 **쌈장**을 콕 찍어 올린 뒤 구운 떡갈비를 올리고 잣가루를 뿌린다.

미나리볶음밥

미나리는 해독작용을 하고 피를 맑게 하고 간 기능을 회복시켜 주어
숙취에 특히 좋아요. 하지만 몸에 아무리 좋다고 해도
미나리만 따로 챙겨 먹기는 쉽지 않지요. 달걀과 미나리를 듬뿍 넣어 만든
맛있는 미나리볶음밥으로 남편의 건강을 챙겨주세요.

양파와 파프리카, 햄은 잘게 썰
고 미나리는 1cm 정도로 썬다.

그릇에 밥과 간장, 들기름, 달걀
을 넣는다.

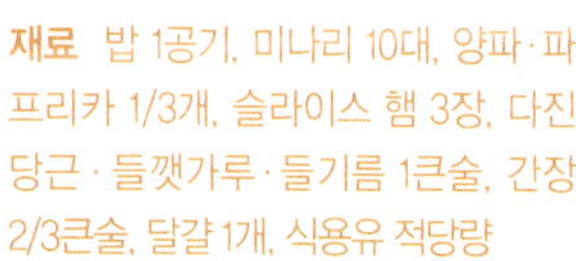

달군 팬에 식용유를 두르고 양
파, 파프리카, 햄, 다진 당근을
볶는다.

③에 ②를 넣어 달걀이 뭉치지
않도록 재빠르게 볶는다.

tip
센불에서 재빠르게 볶아야
고슬고슬 더 맛있어요.

마지막에 들깻가루와 미나리를
넣어 휘리릭 더 볶아 낸다.

스테이크덮밥

영락없는 한국인 입맛을 고수하고 있는 남편!
썰어 먹는 스테이크만으로는 절대 만족하지 못하는 남편을 위해 만들었어요.
고소한 등심을 적당히 굽고 아삭한 숙주야채볶음을 곁들여
밥 위에 올리면 근사한 스테이크덮밥이 완성되지요.

1

쇠고기는 적당한 크기로 썰어 밑간한다.

2

양파와 파프리카는 채썰고 숙주는 흐르는 물에 씻어 물기를 완전히 뺀다.

재료 쇠고기(스테이크용 등심) 400g, 숙주 1줌, 양파 1/2개, 미니파프리카 2개, 소금·후춧가루 1꼬집, 올리브유·밥 적당량

쇠고기 밑간 후춧가루 약간, 소금 1꼬집, 올리브유 1작은술

소스 배즙·스테이크 소스·레드 와인 1큰술, 매실청·설탕 1작은술

3

분량의 재료를 섞어 **소스**를 만든 후 한 번 끓인다.

4

달군 팬에 고기를 굽는다.

5

달군 팬에 올리브유를 두르고 숙주와 양파, 파프리카를 넣은 뒤 소금과 후춧가루로 간을 해 재빠르게 볶는다.

6

접시에 밥을 담고 그 위에 ⑤를 올리고 **소스**를 적당히 뿌려 낸다.

삼색소보루밥

남녀를 불문하고 평생 포기하기 어려운 것 중 하나는 다이어트 아닐까요.
'작심삼일'이라지만 남편은 오늘 또 다이어트를 시작했습니다.
남편의 다이어트 성공을 기원하며 정성 가득 담아 만들었어요.

1 닭가슴살은 잘게 다져 **양념**에 5분 정도 재운다.

2 식용유를 두른 팬에 소금 1꼬집을 넣은 달걀을 풀어 스크램블을 만든다.

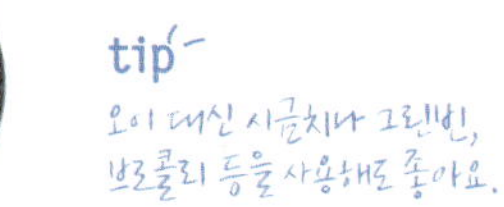

3 오이는 세로로 반을 갈라 가운데 씨를 긁어내고 얇게 썬다. 소금 1/2작은술을 넣어 절였다가 물기를 꽉 짠 뒤 달군 팬에 올려 볶는다.

4 ①을 달군 팬에 올려 고슬고슬하게 볶는다.

5 그릇에 밥을 적당히 담고 그 위에 달걀, 오이, 닭가슴살을 얹는다.

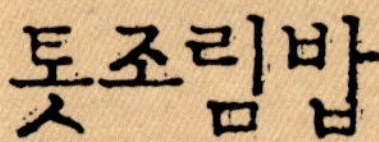

톳조림밥

톳은 바다의 불로초라 불리지요. 미네랄과 식이섬유가 풍부하고,
콜레스테롤 수치가 높아지는 것을 예방하고, 중금속을 배출해줘요.
바쁜 업무와 잦은 회식에 지친 남편을 위한 힐링 메뉴예요.

Chapter 1 : 남편 입맛에 꼭 맞춘 한 그릇 요리

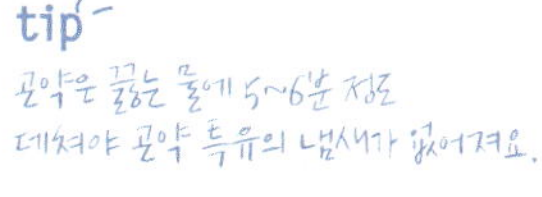

1. 불린 쌀에 다시마를 넣어 밥물을 잡아 고슬하게 **밥**을 짓는다.

2. 유부는 끓는 물에 한 번 데쳐 물기를 짠 뒤 채썰고 곤약은 끓는 물에 넣어 데친 후 채썬다. 당근, 쪽파도 채썬다.

3. 고기는 밑간하고 톳은 물에 15~20분 정도 불린다.

4. 달군 팬에 식용유를 두르고 고기를 볶다가 유부와 곤약, 불린 톳을 넣어 함께 볶은 뒤 **조림장**을 넣어 조린다.

5. ④가 다 조려질 무렵 당근을 넣어 함께 조리고 **달걀지단**을 부쳐 채썬다.

6. 고슬하게 지은 밥을 ④에 살살 섞는다.

7. 그릇에 ⑥을 담고 채썬 달걀지단과 송송 썬 쪽파를 얹어 낸다.

규동은 일본식 쇠고기덮밥으로 약간 달큼하면서
양념이 과하지 않고 담백해요. 우리의 불고기와 비슷하면서도
조금 다른 음식이지요. 달걀노른자를 톡 터뜨려 먹으면
부드러우면서도 고소한, 조금 색다른 맛의 쇠고기덮밥을 즐길 수 있어요.

양파는 채썰고 쇠고기는 신선한
것으로 준비한다.

분량의 재료를 모두 섞어 **소스**를
만든다.

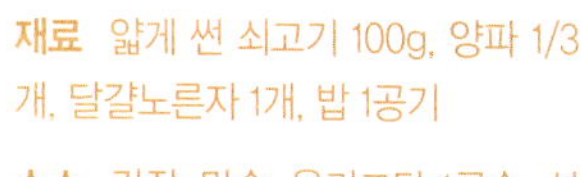

달군 팬에 고기를 얹어 살짝 굽
는다.

냄비에 양파와 **소스**를 넣어 보글
보글 끓인다.

tip
쇠고기는 불고기감이나
샤부샤부용을 사용해요.

④에 구운 고기를 넣어 함께 끓
인다.

밥 위에 ⑤를 얹은 뒤 달걀노른
자를 올린다.

가쓰오브시 육수 만들기

재료 간장·맛술 2큰술, 올리고당
1.5큰술, 가다랑어 우린 물 1/2컵

⋯➔ 분량의 재료를 냄비에 넣어 보글
보글 끓인다.

메밀전병채소쌈

알록달록 색색의 채소를 메밀전병에 돌돌 말아 겨자 소스에 콕 찍어 먹어요.
칼로리가 낮아 다이어트 중에 먹어도 걱정 없지요.
한 끼 식사로도 손색없고, 식사 전 입맛 돋우는 애피타이저로 활용해도 좋아요.

1

파프리카, 크래미, 오이, 당근, 햄은 채썬다.

2

분량의 재료를 섞어 **겨자 소스**를 만든다.

재료 메밀가루·물 1/2컵, 빨강 파프리카·노랑 파프리카·당근 1/3개, 무순 10g, 크래미 4개, 오이 1/2개, 슬라이스 햄 4장, 식용유 적당량

겨자 소스 연겨자 2/3큰술, 간장·식초 1큰술, 매실청 2큰술, 땅콩버터 1/2큰술, 설탕 1작은술

3

메밀가루와 물을 섞어 걸쭉하게 흐르는 정도의 농도로 반죽한다.

4

달군 팬을 약불에 올리고 식용유를 두른 뒤 ③의 반죽을 1큰술씩 떠올려 지름 4~5cm 정도의 크기로 전병을 부친다.

5

메밀전병 위에 준비한 재료를 조금씩 올려 돌돌 말아 낸다.

도토리묵밥

친정엄마가 한겨울 밤참으로 묵밥을 맛있게
말아주셨던 기억이 납니다. 잘 삭힌 고추를 다지고 김장 김치를 송송 썰어 얹은
도토리묵밥은 칼로리가 낮아 다이어트에 좋아요. 먹고 난 뒤 위에 부담이 없고
소화가 잘 되어 출출한 밤 야식 메뉴로도 손색이 없지요.

1

분량의 재료를 넣고 끓여 **육수**를
진하게 우린 뒤 국간장으로 간을
맞춘다.

2

신김치는 송송 썰어 **신김치 양념**
을 넣고 조물조물 무친다. 삭힌
고추는 다진다.

재료 밥 1/3공기, 도토리묵 1모, 신김
치 50g, 삭힌 고추 2개, 김가루 약간

육수 물 4컵, 멸치 1줌, 양파 1/2개,
대파 1대, 다시마(사방 5cm) 2장, 국간
장 1큰술

신김치 양념 참기름 1~2방울, 설탕
1/4작은술, 깨소금 1/3작은술

3

묵은 손가락 굵기로 채썬다.

4

넓은 그릇에 밥을 담고 채썬 묵
을 얹은 뒤 **육수** 2컵을 붓는다.

5

④에 신김치, 삭힌 고추, 김가루
를 올려 낸다.

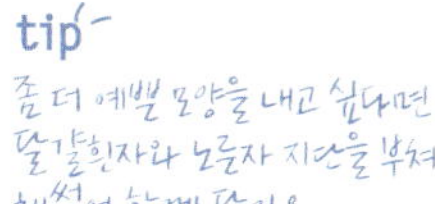

좀 더 예쁜 모양을 내고 싶다면
달걀흰자와 노른자 지단을 부쳐
채썰어 함께 담아요.

돼지고기김치밥

봄철 김장 김치가 질려갈 즈음 친정엄마는 잊지 않고 김치밥을 해주셨어요.
송송 썬 돼지고기와 김치를 들기름에 볶아 만든 구수한 김치밥에
양념장을 올려 쓱쓱 비벼 먹는 맛은 예술이었어요.
묵은지가 질려갈 때쯤 해 먹을 수 있는 별미밥이랍니다.

쌀은 씻어서 30~40분 정도 불린다.

돼지고기는 채썰어 밑간하고 묵은지는 송송 썬다.

재료 쌀 2컵, 돼지고기 200g, 묵은지 1/6쪽, 들기름 1큰술, 물 2/3컵

돼지고기 밑간 간장 1작은술, 청주 1/2큰술, 후춧가루 1꼬집

양념장 간장·다진 파 3큰술, 설탕·다진 마늘 1/3작은술, 들기름 1작은술, 고춧가루·깨소금 1/2작은술

냄비에 들기름을 두르고 묵은지와 돼지고기를 넣어 볶는다.

③에 불린 쌀과 물을 붓고 센불에서 끓인다.

④의 밥물이 자작해질 정도로 끓으면 약불로 줄이고 10~15분 정도 뜸들인다.

분량의 재료를 섞어 **양념장**을 만들어 곁들인다.

tip
양념장에 다진 파 대신 달래를 듬뿍 썰어 넣고 만들어 곁들이면 더 맛있어요.

해물잡채덮밥

뜬금없이 잡채밥이 먹고 싶다는 남편! 주방으로 달려가
냉동실에 쟁여두었던 해물을 넣어 휘리릭 잡채밥을 만들었어요.
"오~ 중국집보다 맛있다!' 남편의 감탄 한마디에 어깨에 힘이 들어갑니다.

해물은 끓는 물에 소금을 넣어 살짝 데치고 양파, 파프리카, 대파, 표고버섯은 채썬다.

당면은 삶아 건진 후 밑간한다.

재료 모둠 해물 1컵, 양파 1/2개, 빨강 파프리카·노랑 파프리카 1/3개, 대파 1/2대, 표고버섯 2개, 삶은 당면 1줌, 물녹말(물:녹말가루=1:1) 1큰술, 소금 1꼬집, 식용유 적당량

당면 밑간 간장·참기름 1/2큰술

볶음 소스 간장·굴소스·물·참기름 1큰술, 설탕 1/2큰술, 올리고당 1작은술, 다진 마늘 1/2작은술, 후춧가루 1/3작은술

달군 팬에 식용유를 두른 뒤 ① 을 넣고 볶는다.

②를 넣어 계속 볶는다.

tip
당면을 삶은 후 물에 헹구지 않고
바로 참기름과 간장을 넣어
밑간해 두었다 사용하면
당면에 간이 살짝 배어
완성된 요리의 맛이 더 깊어집니다.

볶음 소스 재료를 ④에 넣어 볶다가 물녹말을 넣어 한 번 더 볶은 뒤 그릇에 밥과 함께 얹어 낸다.

Chapter 1 : 남편 입맛에 꼭 맞춘 한 그릇 요리

돼지고기에는 비타민 B1, B2가 풍부하게 들어있어
신진대사를 촉진시켜 준다고 해요.
기름기가 적은 돼지 앞다리살로 만든 불고기에 쌈채소를 곁들여 먹으면
땀이 많이 나고 지치기 쉬운 더운 여름, 기운이 솟아나지요.

1

쌈채소는 미리 손질하고 씻어 물기를 뺀다.

2

양파는 굵게 채썰고 대파는 어슷썬다.

재료 돼지고기(앞다리살) 500g, 양파 1/2개, 대파 1/2대, 쌈채소 1줌, 쌈장 1큰술, 현미밥·식용유 적당량

양념장 고추장·고춧가루·간장 2큰술, 국간장·매실청·참기름 1작은술, 간 배·간 양파 4큰술, 생강즙·후춧가루 1/2작은술, 설탕·맛술·다진 마늘 1큰술

3

돼지고기는 한입에 먹기 좋은 크기로 얇게 썬다.

4

양푼에 고기와 양파, 대파를 넣고 분량의 재료를 넣어 만든 **양념장**에 재운다.

5

달군 팬에 식용유를 두르고 양념에 재운 고기를 볶는다.

6

현미밥과 고기를 담고 쌈채소와 쌈장을 곁들여 낸다.

충무김밥

무슨 일이 있어도 아침밥은 꼭 먹어야 하는 남편을 위한
간편한 아침 식사입니다. 바쁜 아침 시간, 전날 미리 만들어 둔 무김치와
오징어무침을 곁들여 갓 지은 밥만 김에 말면 끝!

무는 삐치게 썰어 **무김치 절임** 재료에 6~7시간 정도 절인다.

오징어는 끓는 물에 데친 뒤 한입 크기로 썬다.

재료 오징어(대) 1마리, 밥 1공기, 김 4장, 무(대) 1/2개, 참기름 1작은술, 소금 1꼬집

무김치 절임 식초 4큰술, 소금 1작은술, 설탕 4큰술, 물 2/3컵

무김치 양념 고춧가루 3큰술, 액젓·매실청·설탕 1큰술, 생강즙 1/2작은술, 다진 마늘 1작은술, 송송 썬 쪽파 2큰술

오징어무침 양념 고춧가루 2큰술, 액젓·매실청 1/2큰술, 설탕·송송 썬 쪽파·올리고당 1큰술, 소금 1/3작은술, 다진 마늘·참깨 1/2작은술, 후춧가루 1꼬집

절인 무의 물기를 뺀 뒤 **무김치 양념**을 넣어 조물조물 무친다.

오징어무침 양념을 잘 섞은 뒤 오징어를 넣고 무친다.

고슬하게 지은 밥에 참기름과 소금을 넣어 살살 버무린다.

세로로 반을 자른 김 위에 밥을 얹어 돌돌 만 뒤 3~4cm 길이로 썰어 오징어 무침, 무김치와 함께 낸다.

Chapter 1 : 남편 입맛에 꼭 맞춘 한 그릇 요리

평소 잔병치레가 없는 남편이지만 어쩌다 한 번 몸살이 나면 크게 고생해요.
아파서 입맛 없는 남편을 위해 아침 일찍 쌀을 씻어 불리고
남편이 좋아하는 게살을 넣어 부드러운 게살죽을 쑤었어요.
다른 반찬 없이도 후루룩 가볍게 먹을 수 있어요.

쌀은 씻어 30분 불리고 게다리살은 청주에 2~3분 정도 재웠다가 물기를 짜고 송송 썬다.

달군 팬에 참기름을 두르고 불린 쌀을 넣어 볶는다.

쌀이 투명해지기 시작하면 게다리살과 다진 당근, 양파, 애호박을 넣어 함께 볶는다.

③에 다시마 우린 물을 넣고 센 불에서 끓인다.

※다시마 우린 물 만들기는 33쪽 참조

tip
불린 쌀을 살짝 빻으면
죽 끓이는 시간을 조금 단축할 수 있어요.

물이 잦아들고 쌀이 퍼지기 시작하면 중불에서 뭉근히 저어가며 끓인다.

죽이 거의 완성되어 갈 무렵 달걀을 풀어 넣고 빠르게 젓는다. 부족한 간은 국간장을 넣어 맞춘 후 그릇에 담아 검정깨 가루와 쪽파를 얹어 낸다.

헝가리식스튜굴라시

굴라시는 헝가리식 스튜로 쇠고기, 각종 채소, 헝가리산 파프리카로
향을 낸 음식이에요. 매콤한 맛이 우리 입맛에도 잘 맞아요.
빵이나 밥을 곁들이면 한 끼 식사로 충분해요.

쇠고기, 감자, 당근은 한입 크기
로 썰고 홀토마토와 양파는 잘게
깍둑썰고 대파는 송송 썰고 마늘
은 다진다.

냄비에 올리브유를 두르고 양파,
대파, 마늘을 넣어 양파가 연한
갈색이 날 때까지 볶는다.

쇠고기에 밀가루 옷을 입혀 ②
에 넣고 함께 볶다가 레드 와인
을 넣어 조리다 물 1컵을 넣어 보
글보글 끓인다.

③에 타임, 월계수잎, 파프리카
가루를 넣고 저어가며 끓인다.

④에 당근, 감자, 홀토마토, 토
마토페이스트, 강낭콩, 물 2컵을
넣고 중불과 약불을 조절하며 뭉
근히 끓인다.

부족한 간은 소금과 후춧가루로
맞추고 약불에 저어가며 걸쭉한
느낌이 날 때까지 끓인다.

무굴밥

바다의 우유라고 불리는 싱싱한 굴이 제철을 맞으면 잊지 않고
해 먹는 음식 중 하나가 굴밥이에요. 소화가 잘 되는 무를 채썰어 넣어
부담없이 먹을 수 있는 한 그릇 음식이죠. 단백질과 칼슘, 타우린 등
영양소가 풍부한 제철 굴로 최고의 보양식을 만들어 보세요.

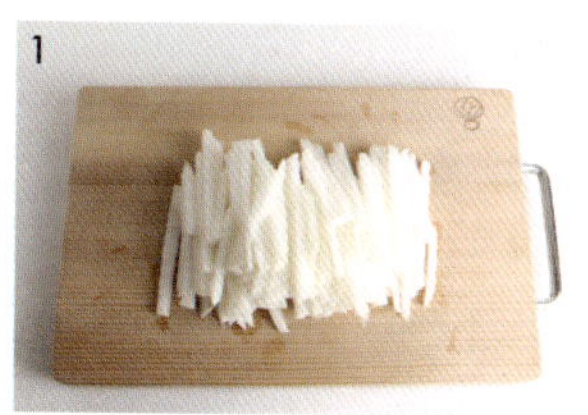

무는 굵게 채썬다.

굴은 소금물에 살살 흔들어 씻은
뒤 물기를 뺀다.

불린 쌀에 채썬 무를 얹고 다시
마 우린 물 한 컵을 넣어 밥물을
맞춘다.

※다시마 우린 물 만들기는 33쪽 참조

보글보글 끓기 시작해 밥물이 잦
아들면 한 번 뒤섞은 후 약불에
서 15분 정도 뜸들인다.

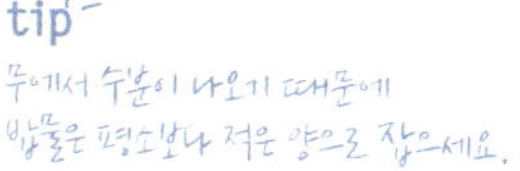

밥이 뜸드는 사이 부추를 송송
썰고 분량의 재료를 넣어 부추 양
념장을 만든다.

밥이 90% 정도 완성되었을 때
굴을 밥 위에 얹어 함께 익힌다.
밥이 다 되면 살살 섞어 밥을 푸
고 부추 양념장을 얹어 낸다.

Chapter 1 : 남편 입맛에 꼭 맞춘 한 그릇 요리

날씨가 추워지면 시원하고 담백한 맛의 황태국밥 한 그릇이 생각나요.
고추장이나 고춧가루를 넣지 않고 진하게 끓인 황태국밥의 뽀얀 국물은
속을 편하게 하고 추위를 잊게 해주지요.

분량의 재료를 넣고 끓여 **육수**를 우린 뒤 건더기는 체에 걸러 맑은 **육수**만 준비한다.

손질한 황태포는 한입 크기로 자르고 무는 나박썰고 청양고추와 대파는 송송 썰고 두부는 깍뚝썰어 준비한다.

황태포는 흐르는 물에 한 번 헹궈 물기를 짠 후 달군 냄비에 들기름을 두르고 볶는다.

③에 **육수** 3.5컵을 붓고 국간장, 다진 마늘, 나박썬 무를 넣어 센 불에 끓인다.

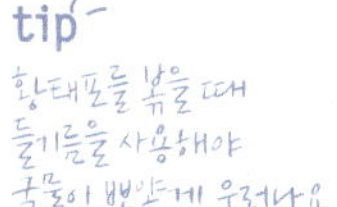

tip
황태포를 볶을 때
들기름을 사용해야
국물이 뽀얗게 우러나요.

무가 익을 정도로 끓으면 두부와 청양고추를 넣고 새우젓과 후춧가루로 간을 맞춘다.

마지막에 달걀을 풀어 두르고 대파를 넣어 한소끔 더 끓인다. 뚝배기에 밥을 담고 ⑤를 넉넉히 부어 낸다.

감자수제비

감자수제비는 강원도에서 수제비를 만들 때 감자옹심이를
뚝뚝 떼어 넣었던 데서 유래한 음식이에요.
감자를 갈아 넣어 만든 수제비의 쫄깃하고 고소한 식감이
특별하지요. 비 오는 날 특히 잘 어울린답니다.

육수를 진하게 우린다.

수제비 반죽 재료를 30분 정도 반죽한다.

재료 감자 1개, 표고버섯 2개, 애호박 1/3개, 당근 1/5개, 대파 1/2대, 국간장 1/2큰술, 후춧가루 1꼬집

육수 물 5컵, 다시멸치 1줌, 마른 새우 1/2줌, 양파 1/2개, 대파 1대, 다시마(사방 5cm) 1장, 청주 1큰술

수제비 반죽 밀가루 1컵, 간 감자 2/3컵, 식용유 2큰술

감자와 애호박은 나박썰고 표고버섯과 당근은 채썰고 대파는 송송 썬다.

냄비에 진하게 우린 **육수**와 감자를 넣고 끓인다.

보글보글 끓으면 ②의 반죽을 얇게 펴서 뚝뚝 끊어 넣는다.

반죽이 끓어 육수 위로 떠오르면 애호박, 당근, 표고버섯을 넣어 함께 끓인다.

국간장으로 간을 맞추고 대파를 넣어 한소끔 더 끓인다. 후춧가루로 간을 맞춘다.

인삼닭죽

대한민국 주부로 살아가다 보니, 더운 여름마다 가족을 위해
삼계탕을 준비하는 것은 당연한 일이 되었어요. 삼계탕도 좋지만
든든하면서 속도 편한 닭죽은 어떨까요. 유난히 땀 많은
남편을 위해 만들었어요. 인삼과 닭이 들어가 여름 보양식으로 좋아요.

냄비에 분량의 **닭 삶기** 재료를 넣어 1시간 정도 삶는다.

삶아진 닭은 건져서 살만 발라 놓는다. 다른 건더기도 면보에 걸러내고 맑은 육수를 준비한다.

인삼은 송송 썰고 찹쌀은 불려 준비한다.

냄비에 ②의 육수 8~9컵을 붓고 불린 찹쌀과 인삼, 닭고기살을 넣고 끓인다.

밥알이 풀어지기 시작하면 다진 당근을 넣고 중불에 저어가며 끓인다.

죽이 완성되어 갈 무렵 소금과 후춧가루로 간을 맞추고 마지막에 부추를 넣어 섞는다.

순두부들깨탕

쌀쌀한 날 수프처럼 부드럽게 넘길 수 있는 탕이에요.
들깻가루 즙을 내 고소하고 깊은 맛에 미나리의 향긋함을 더했어요.
밥 먹기 부담스러운 날 후루룩 끓여 먹으면 좋아요.

미나리는 1cm 길이로 썰고 느타리버섯은 결대로 찢는다.

들깨는 씻어 물기를 빼고 믹서기에 물과 함께 넣어 간 뒤 면보에 걸러 맑게 준비한다.

맑은 들깨물에 순두부, 국간장을 넣어 끓인다.

보글보글 끓어오르면 소금으로 간을 맞추고 느타리버섯과 미나리를 넣어 한소끔 더 끓인다.

tip
순두부들깨탕은 너무 오래 끓이지 않고 단시간에 끓이는 것이 중요해요.

아이가
잘 먹는
한 그릇 요리

아이들은 인스턴트 푸드, 시판 과자, 길거리 음식에 입맛이 길들기 쉬워요. 사 먹는 음식을 먹이면 몸은 편하지만, 마음은 불안하죠. 밖에서 먹는 밥보다 맛있고 근사하게, 그리고 영양까지 고려한 엄마표 한 그릇 요리를 가득 담았습니다. 사랑하는 내 아이를 위해 정성 가득 담아 준비해보세요.

아이들이 좋아하는 소시지와 면역력에 좋은 마늘과 카레가루를
듬뿍 넣어 만든 볶음밥이에요.
'오늘은 무엇을 먹일까?' 고민되는 날에 도전해보세요.

마늘은 얇게 썰고 소시지는 송송
썬다.

달군 팬에 식용유를 두르고 달걀
을 풀어 스크램블 한다.

버터를 녹이고 마늘을 볶아 향을
돋운다.

③에 소시지를 넣어 볶는다.

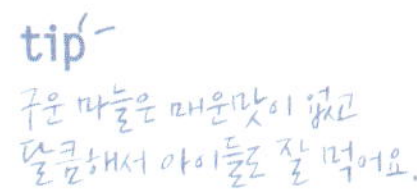

④에 밥과 카레가루를 넣고 주걱
을 세워 밥을 자르듯이 볶는다.

달걀 스크램블을 넣고 계속 볶는
다. 소금과 후춧가루로 간을 맞
춘다.

불고기떡볶음

불고기는 밥과 함께 먹어야 한다는 고정관념을 깨고 조랭이떡을 넣어
아이들이 좋아하는 떡볶이 스타일로 만들었어요.
자꾸 젓가락질하게 되는 마력을 가진 든든한 한 그릇 요리예요.

1

파프리카, 표고버섯, 양파는 채 썰고 대파는 어슷썬다.

2

분량의 재료를 모두 섞어 **소스**를 만든다.

재료 쇠고기(불고기감) 200g, 조랭이 떡 200g, 빨강 파프리카·노랑 파프 리카·양파 1/3개, 표고버섯 2개, 대파 1/3대. 통깨 1/2작은술, 식용유 적당량

소스 간장·굴소스·설탕·청주 1큰 술, 참기름 1작은술, 배즙 2큰술, 다진 마늘 1/2작은술, 유자청 1/2큰술, 후춧 가루 1꼬집

3

조랭이떡에 **소스** 2큰술을 넣고 재운다.

4

쇠고기에 나머지 **소스**를 넣고 재 운다.

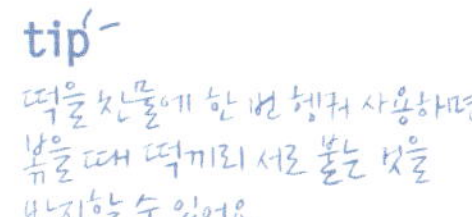

tip
떡을 찬물에 한 번 헹궈 사용하면 볶을 때 떡끼리 서로 붙는 것을 방지할 수 있어요.

5

달군 팬에 식용유를 두르고 양파 를 볶다가 재운 쇠고기를 넣어 함께 볶는다.

6

고기가 익어 가면 재운 조랭이떡 을 넣어 볶다가 파프리카, 표고 버섯, 대파를 넣고 계속 볶는다. 마지막에 통깨를 넣어 한 번 더 볶는다.

토마토가지보트

가지는 보라색 컬러푸드의 대표 식품으로 유명하지요.

갖은 채소를 토마토 소스에 볶아 모차렐라 치즈를 듬뿍 얹어 구우면

편식하는 아이도 마치 피자를 먹듯 잘 먹는답니다.

1

양파, 홍피망, 크래미, 애호박, 감자, 햄은 잘게 썬다.

2

가지는 반으로 갈라 가운데를 파 내고 파낸 속은 잘게 다진다.

3

달군 팬에 올리브유를 두르고 양 파를 볶아 향을 돋우다가 피망, 가지 속, 크래미, 애호박, 감자, 햄, 옥수수를 넣고 볶는다.

4

③에 토마토소스를 넣고 소금과 후춧가루로 간을 맞춘다.

5

가지는 ④로 속을 채운 후 바질 과 모차렐라 치즈를 얹는다.

6

200℃로 예열 된 오븐에서 10~ 12분 정도 구워 낸다.

멸치달걀볶음밥

Chapter 2 : 아이가 잘 먹는 한 그릇 요리

칼슘이 듬뿍 들어있는 멸치는 아이의 성장에 좋은 음식이에요.
멸치를 좋아하지 않는 아이도
볶음밥 안에 있는 고소한 멸치는 잘 먹는답니다.

쪽파는 송송 썰고 마늘은 편으로
썬다.

잔멸치는 한 번 볶아 비린내를
제거한다.

달군 팬에 식용유를 두르고 마늘
을 볶다가 멸치를 넣어 함께 볶
는다.

③에 밥과 굴소스를 넣고 주걱을
세워 섞으면서 고슬하게 볶는다.

tip
멸치는 모양새가 살아있고
투명하며 불순물 없는
깨끗한 것으로 고르세요.

달걀을 풀어 ④에 넣고 계속 볶
는다.

쪽파와 참기름을 넣어 한 번 더
볶는다.

베이컨김치볶음밥

남녀노소 누구나 좋아하는 불멸의 인기 메뉴 김치볶음밥에
고소한 베이컨을 넣어 영양의 균형을 맞추었답니다.
김치볶음밥은 언제 먹어도 참 맛있어요.

재료 밥 1공기, 잘 익은 김치 100g, 양파 1/3개, 베이컨 3장, 달걀 1개, 소금·후춧가루 적당량, 통깨 1/2작은술

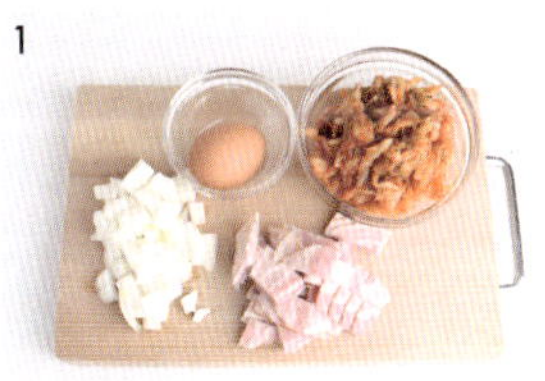

양파와 베이컨은 잘게 썰고 김치는 송송 다지듯 썬다.

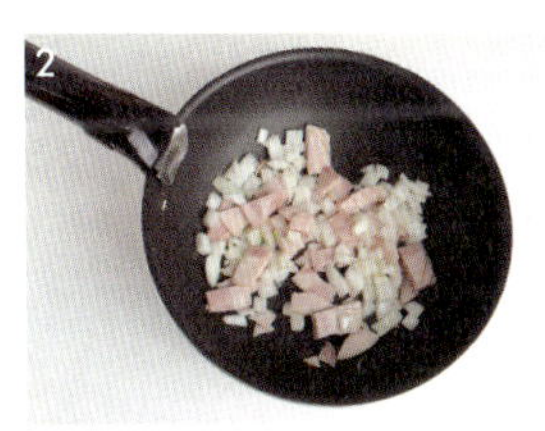

달군 팬에 양파와 베이컨을 넣고 볶는다.

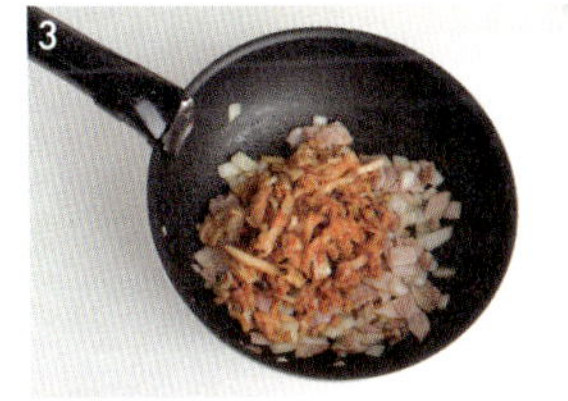

②에 김치를 넣어 볶다가 밥을 넣어 계속 볶는다.

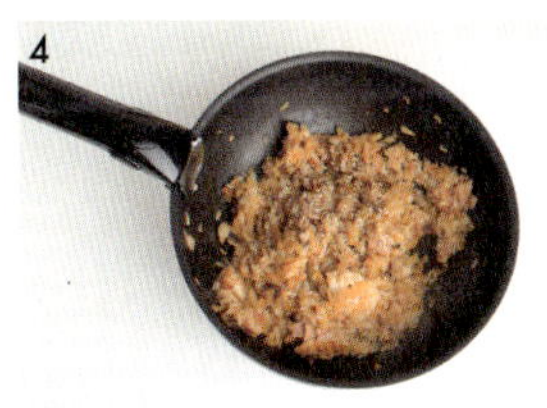

부족한 간은 소금과 후춧가루로 맞추고 통깨를 넣어 한 번 더 볶는다.

tip
배추김치 대신
잘 익은 깍두기를 넣어도 맛있어요.

마카로니꽃맛살샐러드

쫄깃한 꽃맛살과 마카로니, 각종 채소를 섞어 만든 샐러드입니다.
밀가루로 만들어진 마카로니 덕분에 파스타를 먹은 듯 한끼 식사로도 충분하고,
평상시 식단에 반찬으로 곁들여도 좋아요

브로콜리는 먹기 좋은 크기로 잘라 끓는 물에 살짝 데치고 양파는 잘게 다져 준비한다.

끓는 물에 소금과 올리브유를 넣고 마카로니를 넣어 7~8분간 삶는다. 삶은 후 체에 밭쳐 물기를 뺀다.

꽃맛살, 양파, 옥수수, 브로콜리, 마카로니를 볼에 넣고 섞는다.

③에 마요네즈, 플레인 요거트, 머스터드 소스, 꿀, 백후춧가루를 넣어 버무린다.

참치마요덮밥

생선을 싫어하는 아이도 통조림 참치는 잘 먹어요.
참치 캔 하나면 아이 밥상 걱정이 사라지지요.
참치와 잘 어울리는 마요네즈를 넣고 깻잎을 토핑으로 올려 만든 덮밥으로
아이 입맛을 사로잡아 보세요.

1

참치는 기름기를 꼭 짜낸 뒤 분량의 재료를 섞어 **참치 양념**을 만든다.

2

깻잎은 채썰어 찬물에 담갔다가 물기를 빼서 준비한다.

재료 밥 1/2공기, 깻잎 5~6장, 달걀 1개, 마요네즈·식용유 적당량

참치 양념 참치 2/3캔, 마요네즈 2큰술, 다진 양파 1큰술, 미소·연겨자 1/3 작은술, 소금·후춧가루 1꼬집

간장 소스 간장·매실청 1큰술, 청주 1 작은술

3

분량의 재료를 넣고 **간장 소스**를 만든다.

4

달군 팬에 식용유를 두르고 달걀을 부쳐 지단을 만든다.

5

그릇에 밥을 담고 그 위에 달걀 지단을 올린다.

6

참치를 얹고 깻잎을 올린 후 마요네즈를 뿌려 낸다. **간장 소스**는 따로 곁들여 먹기 직전 적당히 끼얹는다.

들깨두부밥은 남편이 어릴 때 자주 먹던 요리래요. 들깨는 몸의 독소를 제거하고
피를 맑게 해주지요. 두부는 밭에서 나는 콩으로 만들어 단백질이
풍부하게 함유되어 있어요. 두부와 들깨, 밥 그리고 향긋한 달래장이 어우러져
소박하지만 부드럽고 고소한 밥상이 완성된답니다.

두부는 끓는 물에 데친다.

달래를 송송 썬 뒤 분량의 재료
를 모두 섞어 **달래장**을 만든다.

재료 두부 1/2모, 밥 1/2공기, 들깻가
루 1작은술

달래장 달래 1줌, 간장 2큰술, 물·들
기름 1큰술, 고춧가루 1작은술, 다진 마
늘·설탕 1/3작은술, 깨소금 1/2큰술

데친 두부를 잘게 썬다.

넓은 그릇에 밥을 담고 그 위에
두부를 올린다.

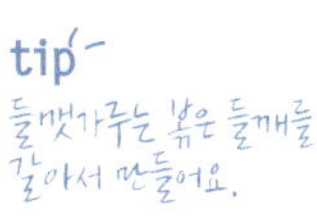

tip -
들깻가루는 볶은 들깨를
갈아서 만들어요.

두부 위에 들깻가루를 올린다.

달래장을 적당히 얹어 낸다.

쇠고기채소볶음밥

쇠고기에는 성장에 필요한 필수 아미노산과 철분이 들어있어요.
자라나는 아이들의 영양 보충에 꼭 필요한 식품이지요. 빈혈 예방에도 좋아요.
영양 만점 쇠고기와 채소를 넣어 만든 볶음밥 하나면
다른 반찬 없어도 한 끼 식사로 거뜬해요.

1

양파, 당근, 애호박, 대파는 잘게
다진다.

2

간 쇠고기에 분량의 **쇠고기 밑간**
재료를 넣고 버무린다.

재료 밥 1공기, 간 쇠고기 100g, 양파
1/3개, 당근 1/6개, 애호박 1/4개, 대파
1/5대, 굴소스 1작은술, 통깨 1/2작은
술, 참기름 1~2방울, 후춧가루 1꼬집,
식용유 적당량

쇠고기 밑간 간장·올리고당 1큰술,
설탕·생강술 1작은술, 다진 마늘 1/3
작은술

3

달군 팬에 식용유를 두르고 ②
를 넣어 센불에 바싹 볶는다.

4

③에 양파, 당근, 애호박, 대파를
넣어 함께 볶는다.

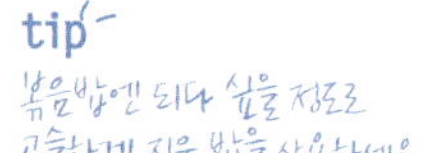

tip
볶음밥엔 되다 싶을 정도로
고슬하게 지은 밥을 사용하세요.

5

④에 밥과 굴소스를 넣어 볶다가
참기름과 후춧가루를 넣고 계속
볶는다.

6

마지막에 통깨를 넣어 한 번 더
볶는다.

스팸달걀밥

홍대 유명 식당에서 꽤 인기 있는 메뉴를
아이가 엄지손가락 치켜들어 줄 엄마의 비장 무기로 만들었어요.
요리하기 귀찮은 날 스팸과 달걀프라이로 간단하게 뚝딱 만들어 주면
아이는 가장 맛있는 요리라고 좋아해요.

1 분량의 재료를 섞어 **간장 소스**를 만든 뒤 한 번 끓인다.

2 스팸은 팬에 노릇노릇 굽고 **간장 소스**를 넣어 조린다.

tip
스팸을 끓는 물에 데치면
굽는 맛보다 건강에 좋아요.

3 달군 팬에 식용유를 적당히 두르고 허브솔트를 뿌려 달걀프라이를 만든다.

4 그릇에 밥을 적당히 담고 그 위에 스팸 조림과 달걀프라이를 얹고 베이비 채소와 가쓰오브시를 얹어 낸다.

아이들이 좋아하는 베이컨으로 만든 초밥이에요.
도시락용으로 만들어도 좋고, 약간의 채소샐러드와 곁들여
한 끼 식사로 준비해도 좋아요.

1

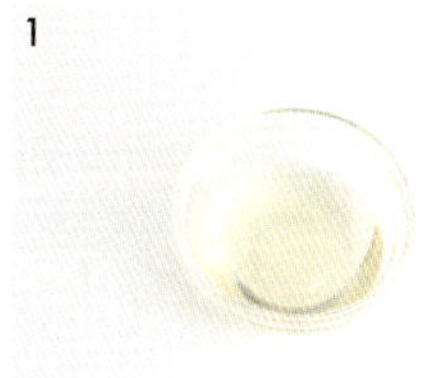

단촛물은 분량의 재료를 섞어 가스레인지에 올려 설탕과 소금이 녹을 정도로 살짝 끓여 만든다.

2

베이컨은 기름기를 제거하는 정도로 살짝 굽고 부추는 끓는 물에 데친다.

재료 베이컨 8장, 밥 2공기, 부추 8대, 고추냉이 1/2작은술, 베이비 채소 1줌

단촛물 설탕·식초 1큰술, 소금 1/4작은술

3

고슬하게 지은 밥에 **단촛물**을 넣어 섞는다.

4

단촛물에 버무려진 밥을 갸름하게 뭉쳐 고추냉이를 조금 올린 후 구운 베이컨에 돌돌 감고 부추로 묶는다.

tip
베이컨은 굽는 대신
끓는 물에 데쳐 사용해도 되요.

115

두부데리야끼덮밥

콩으로 만든 두부는 식물성 단백질이 풍부하게 들어있어
자라나는 아이에게 꼭 필요한 식품 중 하나예요. 두부를 구운 후
달콤한 데리야끼 조림장에 조려 밥 위에 올려 내면
간편하게 먹기 좋은 영양 만점 한 그릇 요리가 되지요.

1

시금치는 데쳐서 물기를 꼭 짜고 송송 썰어 소금, 참기름에 버무린다.

2

분량의 양념을 섞어 **데리야끼 소스**를 만든다.

재료 밥 1/2공기, 두부 1/2모, 녹말가루 4큰술, 시금치 3~4송이, 소금 1꼬집, 참기름 1/2작은술, 식용유 적당량

데리야끼 소스 간장·설탕·올리고당·물·청주 1큰술, 후춧가루 1꼬집

3

두부는 키친타올이나 면보에 올려 물기를 제거하고 한입 크기로 깍뚝썬다.

4

두부는 녹말가루에 묻힌다.

5

달군 팬에 식용유를 두르고 두부를 넣어 노릇노릇하게 구운 후 **데리야끼 소스**를 넣어 조린다.

6

그릇에 밥을 적당히 담고 시금치를 올린 후 그 위에 조린 두부를 얹어 낸다.

소시지볶음우동

여러 가지 채소를 넣어 맵지 않은 간장 소스에 볶은 요리예요.
기호에 맞게 다른 채소를 넣어 만들어도 맛있어요.
소시지를 넣어 아이들이 좋아해요.

소시지는 송송 썰고 양배추와 피망은 채썰고 마늘은 얇게 썰고 맛타리버섯은 먹기 좋게 찢는다.

우동면은 끓는 물에 넣어 살짝 데친 뒤 물기를 뺀다.

달군 팬에 식용유를 두르고 마늘을 볶으며 향을 돋운다.

③에 소시지를 넣어 볶는다.

④에 양배추, 피망, 맛타리버섯을 넣어 계속 볶는다.

⑤에 우동면을 넣고 분량의 **볶음 소스**를 넣어 볶아 낸다.

tip
숙주를 듬뿍 넣어 볶아도 맛있어요.

랩샌드위치

신선한 채소와 닭가슴살을 또띠아에 말아서 만들었어요.
간편하게 먹을 수 있는 영양 가득한 샌드위치지요.
주스나 우유를 곁들이면 한 조각만 먹어도 든든하답니다.

1

닭가슴살은 손가락 굵기로 썰어
간장 소스에 재운다.

2

토마토는 얇게 썰고 파프리카는
채썬다.

재료 닭가슴살 1조각, 양상추잎 3~4
장, 토마토 1/2개, 빨강 파프리카·노
랑 파프리카 1/4개, 슬라이스 햄·슬
라이스 치즈·또띠아 2장, 식용유 적
당량

간장 소스 간장·설탕 1큰술, 올리고
당·생강술 1작은술, 후춧가루 1꼬집

머스터드 소스 머스터드 소스 1.5큰
술, 씨겨자 1/2작은술, 꿀 1큰술

3

분량의 재료를 섞어 **머스터드 소스**
를 만든다.

4

달군 팬에 식용유를 두르고 닭가
슴살을 굽는다.

5

또띠아는 약불에서 달군 팬에 살
짝 굽는다.

6

구운 또띠아에 **머스터드 소스**를
바르고 준비한 재료를 모두 올려
돌돌 말아 낸다.

tip
또띠아는 약불에서
따뜻해질 정도로만 구워요.

떡강정

Chapter 2 : 아이가 잘 먹는 한 그릇 요리

아이들은 매콤달콤 소스에 버무려진 떡꼬치를 아주 좋아하지요.
하지만 밖에서 파는 떡꼬치는 왠지 불량식품 같아요.
엄마가 직접 만든 떡강정은 화학 조미료 걱정 없는 건강한 간식이지요.

가래떡은 2cm 정도로 썬다.

달군 팬에 식용유를 두르고 가래떡을 노릇노릇 튀긴다.

팬에 분량의 재료를 넣고 보글보글 끓여 소스를 만든다.

소스에 떡을 넣어 조린다.

tip
떡은 골고루 튀겨요.
오래 튀기면 떡이 터질 수 있으니 화상에 주의하세요.

검은깨와 다진 땅콩을 뿌려 낸다.

Chapter 2 : 아이가 잘 먹는 한 그릇 요리

체다 치즈를 넣은 식빵을 달걀과 우유에 적셔
버터 바른 팬에 구운 토스트예요.
출출한 시간, 아이 간식이나 간단한 아침 메뉴로 좋아요.

식빵과 생크림, 우유, 달걀, 치
즈, 햄을 준비한다.

우유와 생크림, 달걀, 소금, 설탕
을 섞는다.

재료 달걀 2개, 소금·설탕 1꼬집, 우
유·생크림 2큰술, 식빵·체다 치즈·슬
라이스 햄 2장, 버터 1/2큰술, 슈가파
우더 약간

빵 위에 햄과 치즈를 올리고 빵
으로 덮는다.

②에 ③을 적신다.

달군 팬에 버터를 녹인다.

④를 앞뒤로 노릇노릇 구운 후
접시에 담아 슈가파우더를 솔솔
뿌려 낸다.

tip
상큼한 과일잼을 찍어 먹으면
더욱 맛있어요.

삼색주먹밥

눈을 먼저 유혹하는 세 가지 색깔의 주먹밥이에요.
쇠고기 볶음을 소로 만들어 넣고 알록달록 예쁜 옷을 입혔어요.
소풍가는 날 평범한 김밥 대신 준비하면 센스있는 엄마가 된답니다.

1

간 쇠고기에 **간장 양념**을 버무려
센불에 볶아 소를 만든다.

2

브로콜리는 끓는 물에 살짝 데쳐
곱게 다진 뒤 물기를 짜서 고슬
하게 만든다.

재료 간 쇠고기 100g, 브로콜리 70g,
슬라이스 햄 3장, 삶은 달걀노른자 2개

간장 양념 설탕 1작은술, 간장·올리
고당·청주·다진 파 1큰술, 후춧가루 1
꼬집, 통깨 약간

밥 양념 밥 1공기, 참기름 1/2큰술, 검
은깨·통깨 1/2작은술

3

슬라이스 햄은 잘게 썬다.

4

삶은 달걀노른자는 체에 곱게 내
린다.

5

밥 양념 재료를 섞어 고슬하게 버
무린다.

6

밥을 적당히 뭉쳐 가운데 쇠고기
소를 넣어 동그랗게 빚는다.

7

브로콜리, 달걀노른자, 햄에 동
그랗게 빚은 밥을 뒹굴려 색을
입힌다.

크림소스떡볶이

매운 고추장 대신 우유와 생크림을 넣고 만들어 맵지 않고 고소해요.

서양 음식 크림소스 스파게티와

우리의 간식 떡볶이를 응용하여 만든 퓨전 메뉴지요.

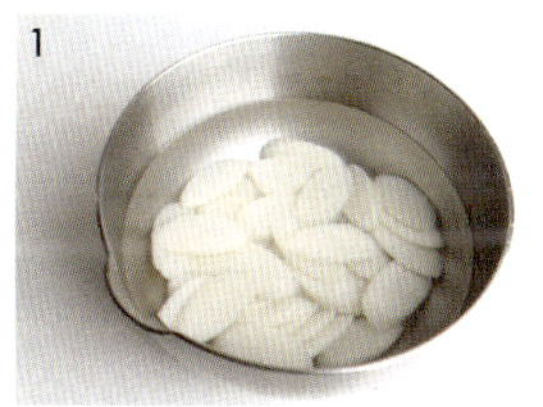

떡국떡은 찬물에 담근다.

양파는 작게 깍둑썰고 양송이버섯은 얇게 썰고 베이컨은 작게 썰고 새우는 껍질을 벗겨 준비한다.

달군 팬에 식용유를 두르고 다진 마늘과 양파를 볶아 향을 돋우다 베이컨과 새우를 넣고 볶는다.

③에 우유와 떡국떡을 넣어 끓인다.

tip
떡국떡 대신 조랭이떡이나 떡볶이떡을 사용해도 좋아요.

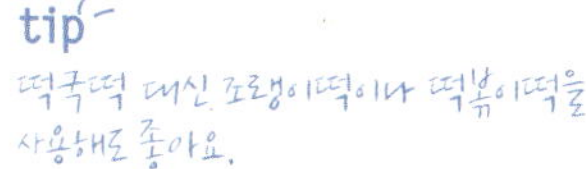

④가 끓으면 생크림과 양송이버섯을 넣고 계속 끓인다.

마지막에 소금과 후춧가루를 넣고 한 번 더 끓여 낸다.

유부는 두부를 기름에 튀겨 고소하고
담백한 맛을 높인 영양 만점 재료예요.
잘 익은 김치를 맵지 않게 씻어 물기를 짜고 잘게 썬
채소와 밥을 섞어 속을 채우니 색다른 유부초밥이 되었어요.

재료 유부 15개, 불린 쌀 1컵, 다시마(사방 4cm) 1장, 배추김치 100g, 당근 1/5개,
햄 30g, 검은깨 1작은술, 식용유 적당량

유부 조림장 간장·설탕 1큰술, 청주 1/2큰술, 다시마 육수 1/4컵

배합초 식초 1.5큰술, 설탕 1큰술, 소금 1/4작은술

불린 쌀에 다시마를 넣어 고슬하게 밥을 짓는다.

유부는 밀대로 납작하게 밀고 끓는 물에 데친다. 체에 밭쳐 숟가락으로 눌러 물기를 뺀 후 속을 벌려 둔다.

분량의 재료를 섞어 끓여 **유부 조림장**을 만든다. 보글보글 끓으면 유부를 넣고 조린 뒤 식혀서 국물을 뺀다.

김치는 찬물에 씻어 물기를 짠 후 잘게 썰고 햄과 당근도 잘게 썰어 준비한다.

달군 팬에 식용유를 약간 두르고 당근과 햄을 볶는다.

고슬하게 지은 밥에 **배합초**를 넣고 섞는다.

⑥에 김치, 당근, 햄, 검은깨를 넣고 섞는다.

조려 놓은 유부에 ⑦의 밥을 적당히 넣어 예쁘게 오므린다.

단호박크림파스타

아이들이 잘 먹는 크림소스에 건강에 좋은 단호박을 넣어
예쁜 노란색의 크림 파스타를 만들었어요. 자기가 싫어하는 단호박이 들어간 줄은
상상도 못하고 예쁜 색깔, 달콤하고 고소한 맛에 아이는 맛있다고 좋아해요.

단호박은 껍질을 깐 뒤 얇게 썰고 양파는 채썬 뒤 버터를 녹인 팬에 볶는다.

①에 물 1컵을 넣고 끓여 푹 익힌다.

②를 믹서기에 넣어 갈아 냄비에 부은 후 우유를 넣어 끓인다.

양송이버섯은 얇게 썰고 브로콜리는 잘게 썬다.

달군 팬에 올리브유를 두르고 양송이버섯, 새우, 브로콜리를 넣어 볶는다.

③에 ⑤를 넣고 생크림을 넣어 끓인다.

⑥에 삶은 스파게티면을 넣고 소금과 후춧가루로 간을 한 뒤 파르마산 치즈를 넣어 볶는다.

tip
생크림을 넣은 후 너무 오래 끓이면 되직해 잠깐만 끓이세요.

저지방 고단백 식품인 닭고기를
달콤하게 조려 만든 덮밥이에요.
아이가 잘 먹을 수 있도록 매운 기를 뺀
파채를 올려 영양의 균형을 맞추었어요.

134

재료 닭다리살 2~3조각, 대파(흰 부분만) 1대, 녹말가루 1/2컵, 가쓰오브시·밥·식용유 적당량

닭다리살 밑간 청주 1작은술, 후춧가루 약간

조림 소스 간장·청주 1큰술, 생수 1.5큰술, 설탕·생강술·다진 마늘 1/2작은술,
올리고당 1작은술, 혼다시 1/3작은술, 후춧가루 1꼬집

대파는 얇게 채썰어 찬물에 담갔
다가 물기를 뺀다.

닭다리살은 껍질은 벗긴 뒤 밑간
한다.

분량의 재료를 섞어 **조림 소스**를
만든다.

밑간해 둔 닭다리살을 녹말가루
에 묻힌다.

달군 팬에 식용유를 두르고 ④를
노릇노릇 굽는다.

⑤에 **조림 소스**를 넣어 조린다.

조려진 닭다리살은 한입 크기로
썰어 밥 위에 얹는다.

닭다리살을 조리고 남은 조림 소
스를 ⑦위에 뿌리고 파채와 가쓰
오브시를 올려 낸다.

tip
파채 대신 향긋한
깻잎채를 올려줘 맛있어요.

Chapter 2 : 아이가 잘 먹는 한 그릇 요리

'타락'은 우유를 뜻하는 옛말이에요. 타락죽은 우유에 쌀을 갈아 만들어 끓인 죽으로 우유죽이라고도 해요. 여기에 뿌리채소인 고구마를 넣어 맛과 영양을 더했어요. 자라나는 아이들에게 아주 좋은 영양죽이지요.

1

고구마는 삶아서 으깬다.

2

대추는 돌려 깎아 돌돌 말아 썰어 잣과 함께 준비한다.

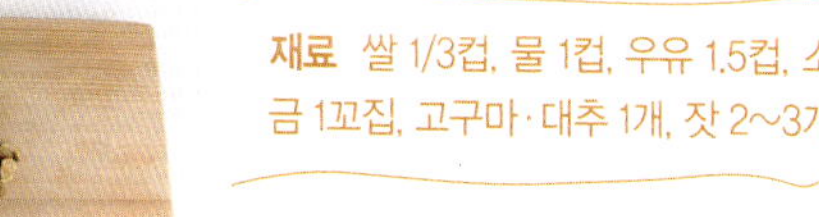

3

불린 쌀에 물을 섞어 믹서기에 곱게 갈아 체에 내린다.

4

③의 쌀물에 소금을 넣고 약불에서 저어가며 끓인다.

5

④가 엉기기 시작하면 으깬 고구마 2큰술과 우유를 넣어 저어가며 끓인다.

6

오목한 그릇에 담고 잣과 대추를 얹어 낸다.

tip
우유는 한꺼번에 넣지 말고 조금씩 흘려 넣어요.
덩울이 지지 않도록 저어가며 끓이세요.

햄버그스테이크

스테이크는 레스토랑에서만 먹을 수 있다는 생각은 이제 그만!
엄마가 준비한 신선한 재료와 정성으로 만들어 더 맛있고 더 건강해요.
이제는 집에서 근사하게 추억의 햄버그스테이크를 먹어보세요.

1

분량의 **햄버그스테이크** 재료를 넣고 충분히 치대 반죽한다.

2

반죽한 고기는 지름 5cm 크기로 동그랗고 두툼하게 빚는다.

재료 밥 1/3공기, 샐러드 채소·식용유 적당량

햄버그스테이크 간 쇠고기·간 돼지고기 100g, 빵가루·우유 3큰술, 머스터드 소스 1/2작은술, 다진 양파 2큰술, 달걀 1/2개, 우스터 소스·다진 마늘 1작은술, 넛맥·바질 가루 1/3작은술, 소금·후춧가루 1꼬집

소스 스테이크 소스 3큰술, 다진 양파·케첩 2큰술, 다진 마늘·설탕 1/2작은술, 레드 와인 1/3컵

3

달군 팬에 식용유를 두르고 ②를 넣어 앞뒤로 노릇하게 구운 후 200℃로 예열 된 오븐에서 11~13분 정도 익힌다.

4

달군 팬에 식용유를 두르고 마늘과 다진 양파를 넣어 볶아 향을 돋운다.

tip
햄버그스테이크 반죽을 할 때 미리 빵가루를 우유에 적셨다가 넣으면 햄버그스테이크가 더욱 부드러워져요.

5

④에 **소스**를 넣어 걸쭉해질 때까지 조린다.

6

접시에 햄버그스테이크를 올리고 **소스**를 뿌린다. 밥과 샐러드 채소도 곁들인다.

토마토치킨카레라이스

토마토의 리코펜과 지용성 비타민은 기름에 익혔을 때 흡수가 더 잘된다고 해요.
항암효과가 뛰어난 강황과 토마토, 각종 채소를 한 그릇에 모두 담았어요.
치킨카레와 토마토, 사과가 은근히 잘 어울려요.

닭가슴살, 감자, 양파, 당근, 사과는 깍둑썬다.

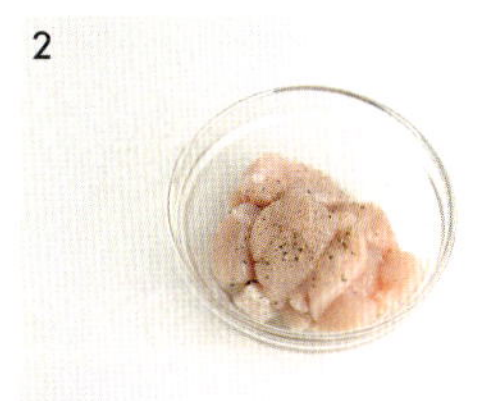

닭가슴살은 밑간한다.

재료 닭가슴살 1조각, 감자·토마토 1개, 양파·사과 1/2개, 당근 1/3개, 버터 1큰술, 카레 스틱 3조각, 물 2컵, 밥 적당량

닭가슴살 밑간 청주 1작은술, 소금·후춧가루 1꼬집

토마토는 십자로 칼집을 낸 후 끓는 물에 살짝 데쳐 껍질을 벗긴 뒤 잘게 썬다.

달군 팬에 버터를 녹여 양파를 볶다가 닭가슴살을 넣어 함께 볶는다.

tip
볶을 때에 식용유보다 버터를 사용하는 것이 좋아요.

닭가슴살이 익어 색이 하얗게 변하면 감자, 당근, 사과, 토마토를 넣고 볶는다.

⑤에 물을 넣어 중불에 뭉근히 끓이다 재료가 익으면 카레 스틱을 넣어 녹인다. 보글보글 끓인 후 밥과 함께 낸다.

달걀김밥

소풍의 단골 메뉴 김밥! 김밥은 갖은 채소와 달걀 등을
함께 먹을 수 있는 균형 있는 영양식이에요.
공부하는 학생을 위한 간식으로 준비해 보세요.

재료 쌀 2컵, 다시마(사방 4cm) 1장, 물 3/4컵, 청주 1/4컵, 햄 5줄, 단무지 7~8줄, 달걀 3개, 소금 1/4작은술, 청주 1/2작은술, 식용유 적당량

오이절임 오이 1개, 설탕 1/3작은술, 소금 1꼬집, 식초 1/2작은술

당근채 볶음 당근 1/3개, 소금 1꼬집, 식용유 적당량

어묵조림 어묵 1.5장, 간장 1작은술, 설탕 1/2작은술, 올리고당 1큰술, 물 2큰술

우엉조림 우엉 1대, 간장·올리고당 1큰술, 설탕 1/2큰술, 생강술·식용유 1/2작은술, 생수 2큰술, 참기름 1~2방울

밥 양념 소금 1/3작은술, 참기름 1.5큰술, 깨소금 1/2작은술

1. 쌀은 30분 정도 불리고 다시마와 물, 청주를 넣어 고슬하게 밥을 짓는다.

오이절임 만들기

2. 오이는 씨 부분을 제외하고 길게 썰고 **오이절임** 양념에 10분 정도 절인 뒤 면보 등으로 물기를 닦는다.

당근채 볶음 만들기

3. 당근은 채썰어 식용유를 두른 팬에 소금을 넣고 살짝 볶는다.

어묵조림 만들기

4. 어묵을 **어묵조림** 재료에 넣고 조린다.

우엉조림 만들기

5. 햄은 굽고 우엉은 조리고 김밥 속 재료를 한데 모은다.

6. 고슬하게 지은 밥에 **밥 양념**을 넣고 버무린다.

7. 김 위에 밥을 적당히 올리고 준비한 재료들을 골고루 올려 돌돌 만다.

8. 달군 팬에 식용유를 살짝 두른 뒤 소금과 청주를 넣고 달걀을 풀어 넓고 얇게 부친다. 그 위에 ⑦의 김밥을 올려 돌돌 만다.

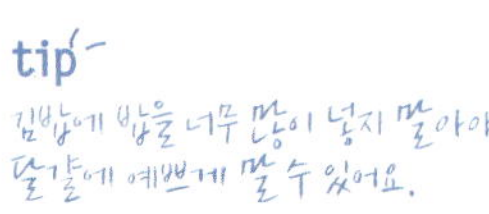

tip
김밥에 밥을 너무 많이 넣지 말아야 달걀에 예쁘게 말 수 있어요.

브로콜리는 암을 예방해주고 면역력 강화에도 효과가 있어요.
몸에 좋은 브로콜리와 체내 흡수율을 높이는 치즈를 넣어
부드러운 수프를 만들었어요. 목넘김이 좋고 소화가 잘 되는
영양식으로 아이의 위를 튼튼하게 해줘요.

브로콜리는 살짝 데치고 양파는
채썬다.

달군 팬에 버터를 녹이고 양파를
넣어 볶다가 브로콜리를 넣고 함
께 볶는다.

②에 우유를 넣어 5~6분 정도
끓인 뒤 핸드블렌더나 믹서기에
곱게 간다.

③을 냄비에 붓고 생크림을 넣어
끓인다.

수프가 거의 완성되면 브리 치즈
와 파르마산 치즈를 넣어 녹이고
부족한 간은 소금과 후춧가루로
맞춘다.

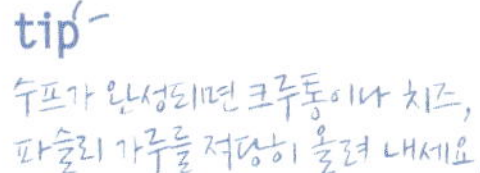

파인애플볶음밥

달콤한 파인애플을 넣어 만든 볶음밥이에요. 과일을 익혀 먹는 것이
조금 생소할 수도 있지만, 익힌 파인애플과 밥이 참 잘 어울려요.
달큰하면서도 감칠맛이 있어 아이들이 좋아해요.

양파, 파프리카, 대파는 잘게 깍
둑썰고 햄은 잘게 썰고 새우는
껍질을 벗긴다.

파인애플은 잘게 썬다.

달군 팬에 식용유를 두르고 양파
와 파를 넣고 볶다가 새우와 파
프리카, 햄을 넣어 계속 볶는다.

달걀은 스크램블 한다.

④에 밥을 넣고 피시 소스와 굴
소스를 넣고 볶는다.

마지막에 파인애플을 넣고 후춧
가루로 간을 한 뒤 한 번 더 볶아
낸다.

미트볼덮밥

어릴 때 엄마가 해주던 추억의 음식 중 하나예요.
동글동글한 미트볼과 토마토소스,
그리고 우리 주식인 밥이 참 잘 어울려요.
밥 대신 면 위에 미트볼을 올리면
미트볼 스파게티가 되지요.

Chapter 2 : 아이가 잘 먹는 한 그릇 요리

재료 쇠고기 육수 1/2컵, 토마토소스 1컵, 토마토 1개, 깐 마늘 4쪽, 케첩 2큰술, 양파·파프리카 1/2개,
드라이 바질 1/2작은술, 소금·후춧가루 1꼬집, 밥 1/2공기, 올리브유 적당량

미트볼 재료 간 돼지고기 200g, 간 쇠고기 100g, 빵가루 1/3컵, 우유 3큰술, 양파·달걀 1/2개, 다진 파 1/4대,
다진 당근·청주 1큰술, 다진 마늘·설탕 1/2작은술, 소금·후춧가루 1/4작은술, 넛맥 1/3작은술

1

미트볼 재료를 넣어 10분 정도 치대어 반죽한다.

2

미트볼 반죽을 동글동글하게 빚는다.

3

약불로 달군 팬에 올리브유를 두르고 미트볼을 굴려가며 익힌다.

4

살짝 데쳐 껍질을 벗긴 토마토와 양파, 파프리카는 깍둑썰고 마늘은 얇게 썬다.

5

달군 팬에 올리브유를 두르고 마늘과 양파를 넣어 볶다가 파프리카와 토마토를 넣고 볶는다.

6

⑤에 토마토소스와 쇠고기 육수, 바질, 케첩을 넣고 끓인다. 보글보글 끓어 오르면 미트볼을 넣어 함께 끓인다. 부족한 간은 소금과 후춧가루로 맞추고 밥과 함께 낸다.

※쇠고기 육수 만들기는 17쪽 참조

tip

토마토 껍질을 쉽게 벗기려면 토마토 껍질 가운데 십자 모양으로 칼집을 낸 뒤 끓는 물에 살짝 담갔다 빼면 잘 벗겨져요.

마늘새우볶음밥

마늘은 면역력 강화에 좋은 식품이에요. 마늘을 고소하게 구워 과자처럼
바삭한 마늘칩과 아이가 좋아하는 새우를 듬뿍 넣어 볶음밥을 만들었어요.

새우는 껍질을 까고 마늘은 얇게
썬다.

달군 팬에 올리브유를 넉넉히 두
르고 마늘을 노릇노릇하게 튀겨
마늘칩을 만든다.

달군 팬에 버터를 녹인 뒤 양파,
대파를 넣고 볶아 향을 돋운다.

③에 새우를 넣어 볶는다.

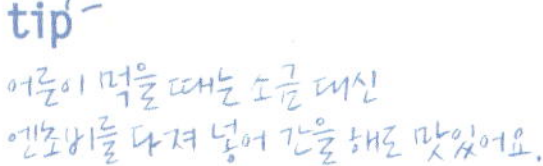

④에 밥과 파프리카를 넣고 주
걱을 세워 재료를 자르듯 섞으며
고슬하게 볶는다.

마늘칩을 넣고 계속 볶는다. 소
금과 후춧가루로 간을 맞추고 접
시에 담아 송송 썬 쪽파를 올려
낸다.

구운명란오니기리

'기니리'는 '쥐다'라는 뜻의 일본어로 '오니기리'는 '흰 쌀밥에
여러 재료를 넣고 뭉쳐 만든 주먹밥'을 말해요. 동그란 모양, 세모난 모양으로
만들어 명란 등의 재료를 넣고 간장 소스를 발라 노릇하게 구우면 고소한 맛이
일품이에요. 먹기도 쉽고 맛있어서 간편한 도시락으로 준비하기 좋아요.

명란젓은 껍질을 제거하고 분량의 재료를 모두 섞어 **간장 소스**를 만든다.

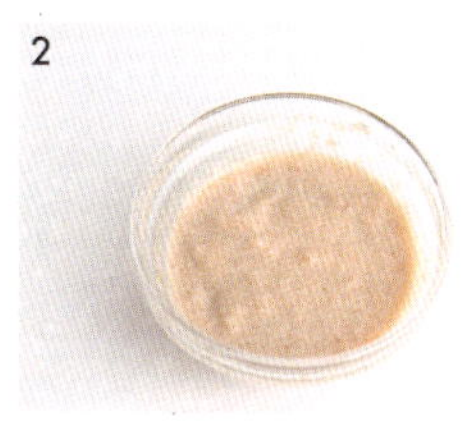

명란젓에 마요네즈, 참기름, 맛술, 간장, 후춧가루를 넣고 잘 섞는다.

깻잎은 가운데 심을 제거하고 채 썬다.

밥에 ②와 깻잎을 넣고 살살 섞는다.

④의 밥을 세모 모양으로 뭉쳐 오니기리를 만든다.

달군 팬에 오니기리를 올리고 **간장 소스**를 발라가며 앞뒤로 노릇하게 굽는다.

통조림 참치는 샌드위치, 김밥, 샐러드 등 다양한 요리에 활용할 수 있어요.
아이들에게도 친근한 재료인 통조림 참치를 넣어 고소한 죽을 쑤었어요.
소화가 잘 되는 든든한 아침밥용으로 좋아요.

쌀은 2~3시간 정도 충분히 불리고 참치는 기름기를 뺀다.

냄비에 참기름을 두르고 불린 쌀을 볶는다.

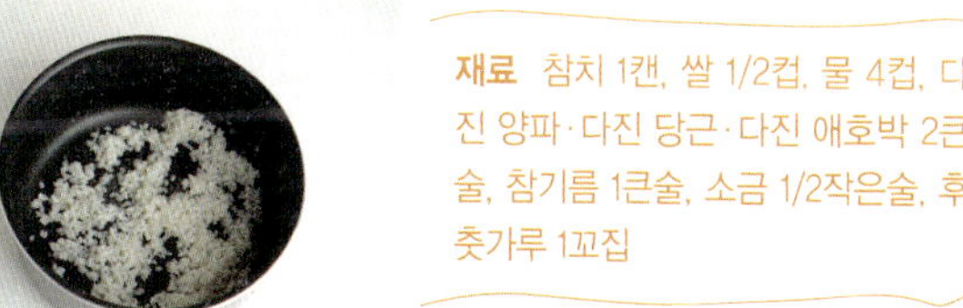

쌀이 투명해지기 시작하면 다진 양파와 당근, 애호박을 넣어 함께 볶는다.

③에 물 4컵을 넣고 끓이다가 쌀이 퍼지기 시작하면 약불로 줄여 주걱으로 저어가며 끓인다.

tip
죽이 완성되어 갈 무렵,
센불로 끓이면 죽이 튀어
화상을 입을 수 있으니
약불에서 저어가며 끓이세요.

쌀이 거의 퍼지고 죽이 되어가면 참치를 넣고 저어가며 끓인다.

부족한 간은 소금과 후춧가루로 맞추고 한소끔 더 끓인다.

하와이안무수비

무수비는 하와이에서 어업이 금지되었을 때 생선 대신 햄을 넣어 초밥을
만들어 먹었던 것에서 유래되었어요. 만들기도 간편하고
아이들이 좋아하는 인기 메뉴 중 하나지요. DHA가 풍부한 참치와
짭조름하게 조려낸 스팸이 어우러진 별미 밥이랍니다.

1

스팸은 얇게 썰어 앞뒤로 노릇하게 구운 뒤 **데리야끼 소스**를 넣어 조린다.

2

참치소 재료를 버무린다.

3

밥에 참기름과 검은깨를 넣어 버무린다.

4

스팸 캔 안에 랩을 깔고 밥을 적당히 넣고 그 위에 참치소를 올린다.

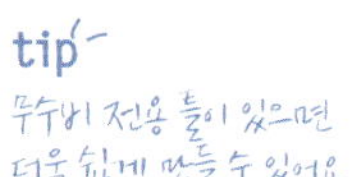

5

④에 밥을 올리고 그 위에 스팸을 올린 뒤 스팸 캔에서 랩과 함께 빼낸다.

6

김으로 띠를 만들어 무수비 가운데에 예쁘게 감는다.

나를 위한
한 그릇 요리

혼자 끼니를 때워야 하는 날이면, 가족들이 먹고 남은 음식으로 대충 넘어가기 쉬워요. 오늘은 나만을 위해 특별한 메뉴를 준비해 보면 어떨까요? 고급 레스토랑 부럽지 않은 폼 나는 브런치, 칼로리 걱정 없이 가볍게 먹을 수 있는 한 그릇 음식, 든든한 한 끼 식사까지! 우아한 식사 시간을 가져보세요.

늘 가족을 생각하고 나보다는 남편과 아이가 우선인 나!
오늘은 온전히 나만을 위한 근사한 밥상을 차려봅니다.
맛있는 연어 스테이크는 만들기 쉽고 폼 나게 먹을 수 있고
칼로리도 낮은 최고의 메뉴예요.

아스파라거스와 양송이버섯, 베이비 채소를 준비한다.

연어는 밑간한다.

재료 연어 300g, 양송이버섯·방울토마토 2개, 아스파라거스 3대, 베이비 채소 1줌, 올리브유 적당량

연어 밑간 화이트 와인 1큰술, 소금 1꼬집, 로즈메리 약간, 올리브유 적당량

소스 요거트 3큰술, 마요네즈·다진 양파 1큰술, 다진 피클 1큰술, 레몬즙 1/2큰술, 씨겨자·다진 케이퍼 1/2작은술, 설탕 1/3작은술, 소금·후춧가루 1꼬집

분량의 재료를 모두 섞어 **소스**를 만든다.

달군 팬에 올리브유를 두르고 아스파라거스와 양송이버섯을 살짝 굽는다.

연어를 앞뒤로 노릇하게 구워 접시에 담고 베이비 채소와 방울토마토를 곁들여 **소스**를 뿌려 낸다.

tip

162

연근은 비타민C와 철분, 칼륨이 많이 함유되어 있어 빈혈과 고혈압 예방에
아주 좋은 식품이에요. 검은깨는 피부 노화 방지에 도움을 주지요.
연근과 검은깨를 듬뿍 넣어 여성 건강에 아주 좋은 샐러드를 만들어 보았어요.

연근은 껍질을 벗겨 0.3mm 정도의 얇은 두께로 썬다.

끓는 물에 식초를 넣고 연근을 3~5분 아삭하게 데친다.

분량의 재료를 모두 섞어 **소스**를 만든다.

물기를 뺀 연근에 소스를 넣고 버무린다.

매생이굴칼국수

매생이는 저칼로리, 저지방 다이어트 식품이에요.
칼슘이 풍부하며 바다의 우유라 불리는 굴과 만나면 환상의 궁합을 자랑하지요.
매생이와 굴을 넣어 칼국수를 끓이면 한끼 식사로도 훌륭한 건강식이 완성된답니다.

1. **멸치 육수**가 끓으면 건더기는 체에 받쳐 건져내고 맑은 육수만 준비한다.

2. 굴은 소금물에 살살 흔들어 씻고 매생이는 흐르는 물에 헹궈 물기를 빼서 준비한다.

재료 매생이 150g, 칼국수 1인분, 굴 120g, 대파(5cm) 1대, 다진 마늘 1/2 작은술, 국간장 1/2큰술, 청양고추 1/2개, 후춧가루 약간

멸치 육수 물 2.5컵, 멸치 1/2줌, 디포리 5마리, 북어포 1/2줌, 다시마(사방 5cm) 1장

3. **멸치 육수** 2컵을 냄비에 넣고 팔팔 끓으면 칼국수를 넣어 계속 끓인다.

4. 면이 70% 정도 익었을때 굴과 매생이, 다진 마늘, 국간장을 넣어 함께 끓인다.

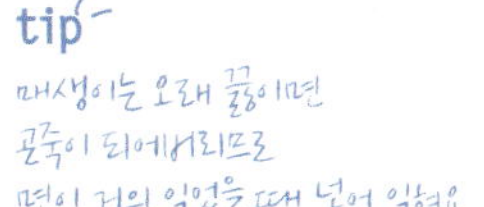

5. 칼국수가 다 익어 가면 마지막으로 어슷썬 대파와 청양고추, 후춧가루를 넣어 한소끔 더 끓인다.

가지덮밥

보라색의 대표적인 컬러푸드 가지는 한 여름에 최고로 맛있어요.
수분 함량이 94%나 되기 때문에 다이어트 식품이라고도 할 수 있지요.
항암 효과도 뛰어나요. 가지를 듬뿍 넣어 만든 가지덮밥은
건강에도 좋고 맛도 훌륭해요.

마늘은 얇게 썰고 양파, 홍고추, 고추는 잘게 깍둑썬다.

가지는 0.5mm 정도의 두께로 동그랗게 썰어 전분을 묻힌다.

재료 밥 2/3공기, 가지·홍고추·고추 1개, 양파 1/3개, 전분 2큰술, 깐 마늘 3쪽, 해선장 1작은술, 굴소스 1.5큰술, 물녹말(물:녹말가루=1:1) 1큰술, 후춧가루 1꼬집, 물 1/4컵, 식용유 적당량

달군 팬에 식용유를 두르고 가지를 앞뒤로 노릇하게 굽는다.

달군 팬에 식용유를 두르고 양파와 마늘을 볶는다.

④에 홍고추, 고추를 넣고 볶다가 굴소스와 해선장을 넣어 계속 볶는다.

⑤에 물을 넣어 끓이다 물녹말을 넣어 농도를 맞추며 볶는다.

⑥에 가지를 넣어 볶는다.

그릇에 밥을 담고 ⑦을 적당히 얹어 낸다.

프렌치토스트와
과일샐러드

비타민이 듬뿍 들어있는 과일샐러드와 프렌치토스트!
생각만으로도 행복해지는 예쁜 음식이지요.
혼자 먹을 때도 폼나게, 나만을 위한 브런치 메뉴로 좋아요.

달걀, 우유, 생크림, 연유, 계핏
가루, 소금, 바닐라 액을 넣어 섞
어 달걀물을 만든다.

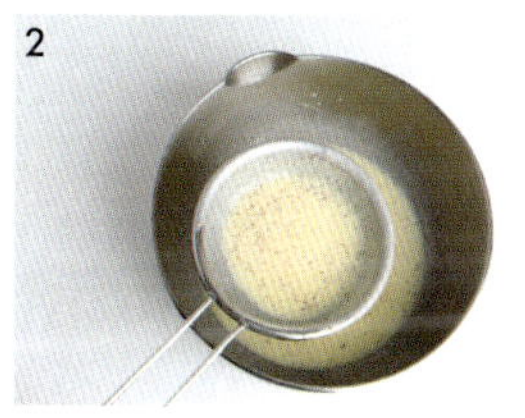

달걀물은 체에 한 번 내린다.

재료 사과 · 오렌지 1/2개, 키위 · 파인
애플 링 · 바나나 1개, 딸기 6~7개, 블
루베리 1줌, 달걀 2개, 우유 60mL, 생
크림 30mL, 연유 1작은술, 계핏가루
1/3작은술, 소금 1꼬집, 바닐라 액 1~2
방울, 바게트 1/3개, 레몬즙 적당량

요거트 소스 요거트 1통, 마요네즈 ·
크림치즈 · 꿀 1큰술, 레몬즙 1/2큰술

바게트를 달걀물에 충분히 적신
후 앞뒤로 노릇하게 굽는다.

사과는 깍둑썰어 레몬즙에 버무
린다.

tip
사과에 레몬즙을 넣어 버무리면
갈색으로 변하는 것을 방지할 수 있어요.

키위, 오렌지, 바나나, 딸기, 파
인애플을 깍둑썬다.

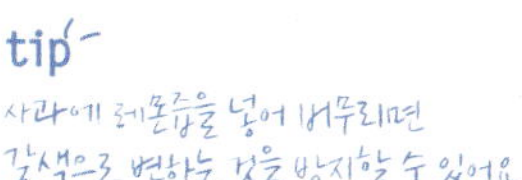

과일을 모두 볼에 넣어 살살 섞
는다.

분량의 재료를 섞어 **요거트 소스**
를 만든다.

바게트와 함께 과일을 담고 과일
위에 **요거트 소스**를 뿌려 낸다.

만두는 '복을 듬뿍 싸서 먹는다'는 의미가 있어요.
고혈압을 예방하는 새우와 고기, 채소 등을 넣어 담백하고 고소하게
빚어 새우만두를 만들었어요.

새우는 껍질을 벗겨 다진다.

숙주는 데쳐 물기를 짠 뒤 송송
썰고 두부는 칼등으로 으깨고
대파와 부추는 송송썰고 양파는
잘게 다진다. 돼지고기는 밑간
한다.

재료 새우·간 돼지고기 150g, 숙주 2
줌, 두부 1/4모, 만두피 1팩, 부추 6대,
양파 1/3개, 대파 1/2대, 다진 마늘 1큰
술, 굴소스 1작은술, 넛맥·소금 1꼬집

돼지고기 밑간 청주 1큰술, 후춧가루
1/3작은술

①과 ②의 재료를 볼에 담아 다
진 마늘, 굴소스, 넛맥, 소금을
넣고 섞어 만두소를 만든다.

만두피에 소를 넣고 만두를 빚어
찜기에 7~10분 정도 찐다.

tip
넛맥은 고기의 비린내를 잡아
더욱 말끔한 맛을 내줘요.

김치쌈밥

김장 김치가 푹 익은 늦봄, 신김치에 밥을 넣어 돌돌 말아 만드는 김치쌈밥은
감칠맛이 나지요. 천덕꾸러기인 신김치를 맛있게 활용하는 방법이랍니다.
칼로리는 낮으면서 든든한 한 끼로 안성맞춤이에요.
도시락에 살포시 넣어도 좋아요.

1

청양고추와 양파는 다지듯 썰고
참치는 기름기를 짜내고 분량의
재료를 섞어 **참치 쌈장**을 만든다.

2

밥은 참기름과 통깨를 넣어 버무
린다.

재료 김치 1/4쪽, 밥 1공기, 참기름
1/2큰술, 통깨 1/2작은술

참치 쌈장 쌈장 3큰술, 참치 2큰술,
참기름 1작은술, 청양고추 1/2개, 양파
1/4개

3

밥을 뭉친 뒤, 가운데 **참치 쌈장**을
넣어 타원형으로 뭉친다.

4

김치를 흐르는 물에 씻은 뒤 물
기를 짜내고 펼친다. 그 위에 밥
을 올려 말아 낸다.

콜드파스타

지치기 쉬운 무더운 여름, 입맛 돋우는 메뉴 콜드 파스타!
파스타를 차게 만들어 먹으면 마치 샐러드를 먹은 듯 가뿐하지요.
맛있고 상큼한 파스타 한 접시를 만들어 시원하게 즐겨 보세요.

아스파라거스는 껍질을 벗긴 후 살짝 데쳐 어슷썰고 토마토와 양파는 잘게 깍둑썰고 올리브, 엔초비, 바질은 다지듯 잘게 썬다.

끓는 물에 펜네를 7~8분 정도 삶은 뒤 얼음물에 헹구고 물기를 뺀다.

①에 올리브유, 다진 마늘, 발사믹 식초, 소금, 후춧가루를 넣어 버무린다.

펜네와 ③을 함께 버무려 냉장고에 10분 정도 둔다.

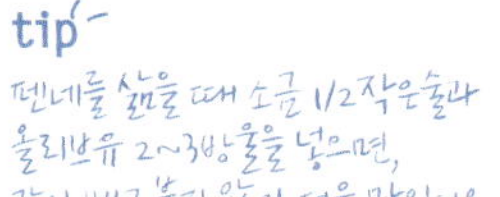

tip
펜네를 삶을 때 소금 1/2작은술나 올리브유 2~3방울을 넣으면, 간이 배고 붙지 않아 더욱 맛있어요.

그릇에 ④를 담고 파르마산 치즈와 파슬리 가루를 뿌려 낸다.

사과가 듬뿍 들어있는 치킨롤은 생각만 해도 군침이 돌아요.
닭가슴살이 퍽퍽하다는 편견을 단번에 없애주는 요리지요.
칼로리가 낮아 부담 없이 먹을 수 있는 든든한 한 그릇 요리랍니다.

1

사과, 당근, 파프리카는 채썬다.

2

닭가슴살은 얇게 저며 펴고 밑간한다.

3

닭가슴살에 밀가루를 묻히고 사과, 당근, 파프리카를 올려 돌돌 만다.

4

③을 달군 팬에 올려 노릇하게 색을 낸 뒤 200℃로 예열 된 오븐에 7~10분 정도 굽는다.

tip
닭가슴살을 우유에 잠시 재워 두면 비린내를 잡을 수 있어요.

5

분량의 재료를 넣어 참깨 소스를 만든다.

6

구워 나온 치킨롤은 한 김 식힌 후 한입 크기로 썰어 담고 베이비 채소를 곁들여 참깨 소스를 뿌려 낸다.

들깨수제비

들깨는 풍부한 식물성 지방이 혈관의 노화를 방지해주는
알칼리성 식품으로, 여성의 건강과 미용에 좋아요.
들깨를 듬뿍 넣어 끓인 들깨 수제비는 몸에 좋은 들깨와
쫀득한 수제비가 어우러져 성인병을 예방해주는
든든하고 맛있는 한 그릇 요리예요.

재료 애호박 1/3개, 불린 미역 20g, 채썬 당근 1큰술, 대파 1/4대, 국간장 1/2큰술,
들깻가루 1/2컵, 찹쌀가루 1큰술, 다진 마늘 1/2작은술, 소금 1/3작은술

수제비 반죽 밀가루 1컵, 물 1/2컵, 식용유 1작은술, 소금 1/3작은술

멸치 육수 물 6컵, 다시멸치 1/2줌, 디포리 5마리, 다시마(사방 5cm) 1장, 양파 1/3개

1

분량의 재료를 넣어 **수제비 반죽**을 만들고 30분 정도 냉장고에서 숙성시킨다.

2

냄비에 **멸치 육수** 재료를 넣고 끓으면 5분 정도 더 끓이다가 건더기는 건져내고 맑은 육수만 준비한다.

3

애호박은 나박썰고 대파는 어슷썬다.

4

들깻가루에 **멸치 육수** 1/4컵과 찹쌀가루를 넣어 섞는다.

5

②에 국간장을 넣은 뒤 팔팔 끓인다.

6

⑤가 끓으면 수제비 반죽을 얇게 떼어 넣는다.

7

⑥에 애호박, 불린 미역, 채썬 당근, 다진 마늘을 넣어 끓어 오르면 ④를 넣고 끓인다.

8

부족한 간은 소금으로 맞추고 대파를 넣어 한소끔 더 끓인다.

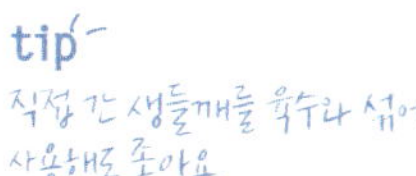

채소를 구우면 담백하고 고소한 맛이 강해져 풍미가 깊어져요.
더욱 선명해진 예쁜 빛깔 또한 식욕을 돋우지요.
칼로리 걱정 없이 푸짐하게 먹을 수 있어요.

애호박, 가지, 양송이버섯, 당근, 파프리카, 양파는 큼직하게 한입 크기로 썬다.

①에 올리브유, 후춧가루, 소금, 드라이 허브 가루를 넣어 버무린다.

②를 200℃로 예열 된 오븐에서 15~20분 정도 굽는다.

③을 접시에 담고 치즈와 파슬리 가루를 뿌린다. 그 위에 발사믹 크림을 적당히 뿌린다.

tip
채소를 구울 때 직화에서 그릴을 사용해도 좋아요.

Chapter 5 : 나를 위한 한 그릇 요리

더치 베이비 팬케이크는 뜨겁게 달군 팬에 반죽을 부어
뜨거운 팬과 반죽의 온도차를 이용해 굽는 독일식 팬케이크예요.
예쁘게 부풀어 오르는 팬케이크를 보면 기분까지 좋아진답니다.
집에서 근사한 브런치를 즐기고 싶은 날 도전해보세요.

달걀에 황설탕을 넣어 휘핑한다.

①에 우유를 조금씩 부어가며
섞는다.

②에 체에 내린 밀가루를 넣고
섞어 반죽을 만든다.

210℃로 맞춘 오븐에 팬을 넣고
예열한 후 팬을 꺼내 버터를 두
른다.

팬에 반죽을 붓고 210℃로 예열
된 오븐에 7~10분 정도 굽는다.

블루베리에 메이플 시럽을 넣어
살짝 조린다.

팬케이크가 완성되면 한 김 식힌
후 슈가파우더를 뿌리고 ⑥을
듬뿍 얹어 낸다.

롤캐비지

롤 캐비지는 양배추잎을 살짝 데치거나 찐 뒤, 다진 고기와
다진 채소를 넣어 돌돌 말아, 육수에 토마토소스를 섞어 붓고
끓이는 찜 요리예요. 조금만 먹어도 포만감이 있어 다이어트에도 좋아요.

재료 양배추잎 10장, 간 돼지고기 350g, 다진 양파 1/3개, 다진 마늘 1작은술, 넛맥·소금 1/4작은술,
빵가루 2큰술, 달걀 1개, 후춧가루·파슬리 가루 1꼬집, 밀가루 1큰술, 파르마산 치즈·올리브유 약간

소스 버터·우스터소스·고추장 1/2큰술, 다진 마늘·설탕 1/2작은술, 토마토소스·물 2/3컵,
치킨스톡 1개, 케첩 3큰술, 월계수잎 2장, 후춧가루·바질 가루 1꼬집

1 양배추잎은 끓는 물에 살짝 데쳐 부드럽게 만든다.

2 간 돼지고기에 다진 양파, 다진 마늘, 넛맥, 빵가루, 달걀, 후춧 가루, 소금을 넣어 치대어 고기 반죽을 만든다.

3 양배추잎에 고기 반죽을 올려 돌돌 만다.

4 ③의 양배추롤 앞뒤로 밀가루를 솔솔 뿌린다.

5 달군 팬에 올리브유를 두르고 양 배추롤을 넣어 굽는다.

6 달군 팬에 버터를 두르고 다진 마늘을 볶다가 나머지 **소스** 재료 를 넣고 끓여 **소스**를 만들고, 양 배추롤을 넣어 조린다.

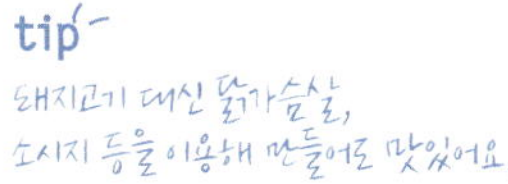

7 잘 조려진 양배추롤을 접시에 담 고 파르마산 치즈와 파슬리 가루 를 뿌려 낸다.

병아리콩샐러드

병아리콩은 '칙피'라 불리는 이집트 콩이에요. 칙피는 일반 콩보다
단백질 함량이 월등히 높고 섬유질도 풍부해, 위를 튼튼하게 하고
숙변 제거에 도움을 준다고 해요. 또 오랜 시간
포만감을 유지해주어 다이어트식으로도 좋아요.

병아리콩은 6시간 이상 불려 20분 정도 삶는다.

파프리카, 오이, 방울토마토, 올리브는 작게 썬다.

재료 병아리콩(칙피) 100g, 노랑 파프리카·빨강 파프리카 1/3개, 오이 1/2개, 방울토마토 6~7개, 블랙 올리브 3개, 베이비 채소 1줌

소스 다진 양파 1큰술, 발사믹 식초 6큰술, 올리브유 3큰술, 소금 1꼬집, 파슬리 가루 1/4작은술

분량의 재료를 모두 넣어 소스를 만든다.

②에 병아리콩과 소스를 넣어 버무린 뒤 접시에 담고 베이비 채소를 얹어 낸다.

오징어과일탕수

고기 대신 오징어와 비타민 C가 가득한 과일을 듬뿍 넣어 만드는
이색적인 탕수육이에요. 오징어 튀김이 탕수육 소스와 잘 어울리고
소스 속 과일이 느끼함을 잡아줘요.

사과, 파인애플, 레몬, 키위는 먹기 좋은 크기로 썬다.

오징어는 밑간한다.

재료 오징어 1마리, 사과 1/3개, 파인애플 링 2개, 키위·달걀흰자 1개, 레몬 1/4개, 전분 4큰술, 물 1큰술, 식용유 적당량

오징어 밑간 허브솔트 1/4작은술, 후춧가루 1꼬집

소스 물 1/2컵, 설탕·식초 4큰술, 레몬즙·간장 1큰술, 물녹말(물:녹말가루=1:1) 3큰술

밑간해 둔 오징어에 전분, 달걀흰자, 물을 넣어 버무린다.

180℃의 튀김 기름에 오징어를 하나씩 넣어 바삭하게 튀긴다.

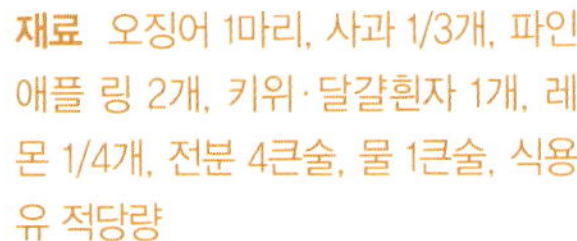

tip
오징어를 두 번 튀기면 더 바삭해져요.

물, 설탕, 식초, 레몬즙, 간장을 넣어 끓이다가 과일을 넣고 물녹말을 넣어 걸쭉한 소스를 만든다.

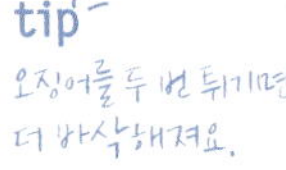

접시에 오징어 튀김을 담고 소스를 얹어 낸다.

친정집에 귀한 손님 오시는 날, 친정엄마가 차려 내시는 단골 메뉴 중 하나예요.
더덕, 밤, 배 등은 기관지를 튼튼하게 하고 몸을 따듯하게 해주어
여성분들이 먹으면 참 좋아요.

더덕과 밤, 배는 껍질을 까고 어
슷어슷 얇게 썰고, 대추는 돌려
깎아 채썬다.

잣은 칼로 곱게 다진다.

잣가루에 유자청을 넣어 소스를
만든다.

①에 소스를 넣어 버무려 낸다.

우엉잡채

식이섬유가 풍부한 우엉 잡채는 우엉의 아삭한 식감과
다양한 채소가 어우러져 먹는 이의 기분까지 즐겁게 해줘요.
기존의 잡채와는 또 다른, 특별한 맛의 매력에 빠져 보세요.

1

파프리카, 당근, 홍고추, 풋고추
는 채썬다.

2

우엉은 껍질을 벗기고 채썬 뒤
분량의 **우엉조림 양념**을 넣고 조
린다.

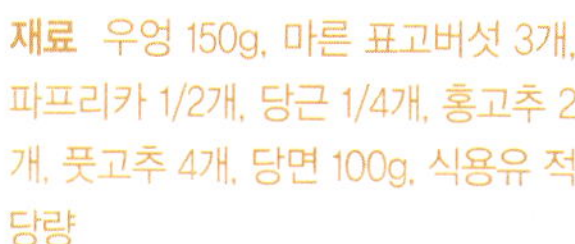

재료 우엉 150g, 마른 표고버섯 3개,
파프리카 1/2개, 당근 1/4개, 홍고추 2
개, 풋고추 4개, 당면 100g, 식용유 적
당량

우엉조림 양념 들기름·식용유 1/2큰
술, 물엿·간장·청주 1큰술, 물 2큰술

표고버섯 밑간 간장·올리고당 1작은술

당면 밑간 참기름 1/2큰술, 간장 1/2작
은술

간장 소스 간장·설탕·들기름·올리
고당 1/2큰술, 깨소금 1작은술

3

①은 달군 팬에 식용유를 두르
고 각각 볶는다.

4

마른 표고버섯은 미지근한 물에
불리고 채썰어 밑간한다.

tip
우엉의 갈변 방지를 위해
채 썬 우엉은 식촛물에 담갔다가
사용하세요.

5

당면은 삶아서 밑간한다.

6

분량의 재료를 넣고 **간장 소스**를
만든다.

7

③과 표고버섯, 당면, 우엉조림
을 한데 넣어 섞고 **간장 소스**를 넣
어 볶아 낸다.

아욱죽

아욱은 비타민과 무기질, 칼슘, 섬유소가 풍부해요.
아욱국과 밥도 잘 어울리지만 가끔은 담백한 아욱죽을 만들어 보세요.
된장을 풀어 만든 아욱죽은 한여름의 별미 음식이지요.

아욱은 줄기 부분의 겉껍질을 벗기고 바락바락 주물러 흐르는 물에 헹군다.

물에 마른 새우와 디포리를 넣고 끓인 후 건더기는 체에 걸러 맑은 **육수**를 만든다.

육수 7컵에 된장을 체에 내린 뒤 푼다.

③에 손질한 아욱과 불린 쌀, 다진 마늘을 넣어 끓인다.

육수가 줄고 쌀이 퍼지기 시작하면 약불로 줄여 뭉근히 저어가며 끓인다.

죽이 거의 완성 될 무렵 대파를 송송 썰어 넣는다. 부족한 간은 소금으로 맞추고 참기름을 넣어 섞어 깨소금을 올려 낸다.

196　　*Chapter 3* : 나를 위한 한 그릇 요리

국수에 영양 만점 두부를 넣으면 가벼우면서도
든든한 일품요리가 된답니다.
모처럼 혼자인 여유로운 주말,
나만을 위한 가벼운 한 끼로 안성맞춤이에요.

멸치 육수에 국간장을 넣어 팔팔
끓인다.

※멸치 육수 만들기는 16쪽 참조

대파와 삭힌 고추는 잘게 다지듯
썬다.

분량의 재료를 넣어 **양념장**을 만
든다.

멸치 육수에 연두부를 큼직하게
썰어 넣고 끓인다.

소면은 쫄깃하게 삶아 찬물에 헹
군다.

소면에 육수를 자작하게 붓고 양
념장과 김가루를 얹어 낸다. 간
은 국간장으로 맞춘다.

지라시초밥

지라시는 '흩뿌리다' 라는 뜻이에요.
'지라시초밥'은 말 그대로 밥 위에 이것저것 올려
젓가락으로 조금씩 먹는 일본 요리지요.
냉장고에 남아있는 자투리 채소를 이용해
만들어도 근사한 한 그릇 요리가 뚝딱 완성되지요.

1

불린 쌀에 다시마 육수와 청주를 넣어 밥을 고슬하게 짓는다.

2

연근은 얇게 썬 뒤 식초 1/2큰술을 넣어 데치고 분량의 재료를 넣어 **연근 초절임**을 만든다.

3

마른 표고버섯은 불린 후 얇게 썰고, 우엉은 필러로 손질해 분량의 재료에 절여 **표고버섯·우엉 조림**을 만든다.

4

새우는 껍질을 벗겨 살짝 데치고 날치알은 청주와 레몬즙을 넣어 비린 맛을 없앤다.

재료 불린 쌀 1컵, 다시마 육수 3/4컵, 청주 1큰술, 새우(중하) 6마리, 날치알 2큰술, 무순 약간, 검은깨 1/2작은술, 레몬즙 적당량

연근 초절임 연근 1/2개, 설탕 1큰술, 식초 2큰술, 소금 1/2작은술, 레몬즙 1작은술

표고버섯·우엉조림 마른 표고버섯 2개, 우엉(10cm) 1개, 가쓰오브시 육수 1/2컵, 간장 2/3큰술, 설탕·맛술·올리고당 1큰술

※가쓰오브시 육수 만들기는 65쪽 참조

달걀지단 달걀 3개, 다시마 육수 1큰술, 맛술 1/2큰술, 전분 1/4작은술, 설탕 1/2작은술, 소금 1꼬집, 식용유 적당량

배합초 설탕 1큰술, 식초 1.5큰술, 소금 1/2작은술

5

분량의 재료를 넣고 섞어 식용유를 두른 팬에 **달걀지단**을 부친 후 채썬다.

6

밥에 **배합초**를 넣어 섞은 뒤 **표고버섯·우엉조림**과 검은깨를 넣고 살살 섞는다.

7

그릇에 밥을 담고 **달걀지단**을 흩뿌린 후 **연근 초절임**과 새우살, 무순, 날치알을 담아 낸다.

회덮밥

싱싱한 회와 채소가 듬뿍 들어간 회덮밥을 먹는 생각만 해도 입에 침이 고여요.
횟집이나 덮밥 전문점에 가지 않고도 집에서 쉽고 맛있게 만들어 먹을 수 있어요.
손님상에 올려도 근사하지요. 가벼우면서도 맛있게 먹을 수 있는 한 그릇 요리예요.

분량의 재료를 섞어 **초고추장**을 만든다.

양배추, 깻잎, 상추, 오이, 당근, 적양배추, 양파는 채썬다.

활어는 두툼하게 회를 뜬다.

넓은 그릇에 밥을 담고 참기름을 두른 후 ②를 골고루 올린다.

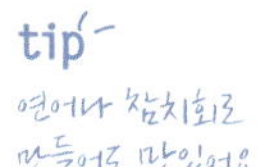

④에 회를 올리고 **초고추장**을 곁들여 낸다.

떡볶이, 튀김과 더불어 가장 인기 있는 분식점 메뉴는 바로 김밥이지요.
'마약 김밥'이라 불리는 광장시장의 유명한 꼬마 김밥,
이제 집에서 만들어 먹어요. 입맛 없는 날 해 먹으면
추억이 새록새록~ 입맛이 살아나요.

Chapter 3 : 나를 위한 한 그릇 요리

재료 김 10장, 밥 3공기, 단무지 1/4개, 우엉조림 5줄, 식용유·소금 적당량

시금치 무침 시금치 100g, 소금 1/4작은술, 참기름 1/2큰술

달걀지단 달걀 2개, 소금 1꼬집, 맛술 1/2작은술, 식용유 적당량

당근채 볶음 당근 2/3개, 소금 1꼬집, 식용유 1.5큰술

밥 밑간 소금 1/4작은술, 참기름 1큰술, 통깨 1작은술

겨자 소스 연겨자 1/2큰술, 물·간장 1큰술, 식초·설탕 1/2작은술.

1 시금치는 살짝 데쳐서 소금·참기름을 넣어 **시금치 무침**을 만든다.

2 달걀은 풀어 소금과 맛술을 넣고 식용유를 두른 팬에 **달걀지단**을 부쳐 채썬다.

3 당근은 채썰어 식용유를 두른 팬에 소금간을 해서 볶는다.

4 단무지와 우엉은 5~6cm 길이로 얇게 채썬다.

5 밥은 밑간한다.

6 김은 4등분 한다.

7 김 위에 밥을 적당히 올리고 **시금치 무침**, **달걀지단**, **당근채 볶음**, 단무지, 우엉을 올려 만다.

8 **겨자 소스**를 만들어 곁들여 낸다.

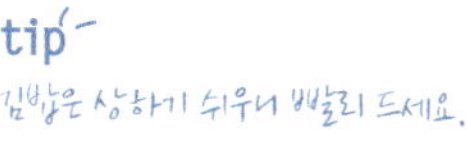

해물토마토빠에야

빠에야는 스페인 요리예요. 만들 때 바닥이 얇고 뚜껑이 없으며
양쪽으로 손잡이가 달린 프라이팬을 사용하는데, 그 팬 이름이 '빠에야'라고 해요.
향신료인 사프란과 갖은 해물, 채소를 넣어 집에서도 근사하게 만들 수 있어요.

양파와 파프리카는 다지고 오징어 몸통은 통째로 동그랗게 썰어 둔다.

달군 팬에 올리브유를 두르고 양파와 다진 마늘을 볶다가 화이트 와인을 넣어 계속 볶는다.

②에 불린 쌀을 넣어 쌀이 투명해질 정도로 볶다가 소금과 후춧가루로 간을 맞춘다.

밥물로 해물 육수 1컵을 넣고 사프란과 간 토마토를 넣어 약불에 올려 끓인다.

보글보글 끓으면 오징어, 새우, 홍합, 파프리카, 타임을 넣고 뭉근히 익힌다.

빠에야가 완성되면 레몬즙을 조금 뿌려 낸다.

연두부샐러드

동글동글한 연두부는 먹음직스럽지요.
콩의 영양을 그대로 접시에 담아낸 연두부 샐러드는
칼로리가 낮고 단백질이 풍부해 다이어트 중에도 마음 놓고 먹을 수 있어요.

1

베이비 채소는 찬물에 담갔다가 스피너(채소 탈수기)에 넣어 물기를 뺀다.

2

분량의 재료를 모두 섞어 **소스**를 만든다.

재료 연두부 1모, 토마토 1/2개, 베이비 채소 1팩, 견과류 2큰술

소스 간장 1/2큰술, 매실청·물·올리고당 1큰술

3

토마토는 한입 크기로 썰고 연두부는 동그랗게 뜬다.

4

접시에 베이비 채소와 토마토를 담고 가운데 연두부와 견과류를 얹고 소스를 곁들여 낸다.

tip
연두부는 부드러워 으깨지기 쉬우니 접시에 담기 직전 동그랗게 모양을 내세요.

BLT샌드위치

'BLT 샌드위치'는 '베이컨(bacon), 상추(lettuce),
토마토(tomato)가 들어간 샌드위치'를 줄인 말이에요.
신선한 채소와 짭조름한 베이컨의 맛이 잘 어우러져 참 맛있어요.
따끈한 커피나 신선한 주스 한 잔을 곁들여 드세요.

1

토마토는 얇게 썰어 소금을 뿌려 간을 맞춘다.

2

베이컨은 굽는다.

재료 토마토 1/2개, 베이컨·슬라이스 치즈 1장, 양상추잎 3~4장, 달걀프라이 1개, 식빵 2장, 소금 1꼬집

소스 마요네즈 2큰술, 꿀 1/2큰술, 머스터드 소스·씨겨자 1/2작은술

3

분량의 재료를 모두 섞어 **소스**를 만든다.

4

양상추는 손으로 뜯어 찬물에 담갔다가 물기를 제거한다.

tip

샌드위치를 만들 때에는 재료의 물기를 제거하는 것이 중요해요. 그래야 눅눅해지지 않고 바삭한 채소와 베이컨의 맛이 잘 어우러져요.

5

식빵 한쪽 면에 **소스**를 바르고 양상추, 베이컨, 토마토, 달걀프라이, 치즈 순으로 얹는다.

6

다른 식빵 한쪽 면에 **소스**를 바르고 덮는다.

Chapter 4

한달에 한 번 즐기는
특별한
한 그릇 요리

유명 레스토랑의 인기 메뉴! 사 먹을 필요 없어요. 모처럼 솜씨를 발휘해 보고 싶은 날, 온 가족이 둘러앉아 먹을 수 있는 특별 요리 만들기 노하우를 공개합니다. 나의 요리를 맛있게 먹는 가족들을 보면 집안일로 쌓인 피로가 확 날아가지요.

상하이파스타

한국인의 입맛에도 잘 맞는 중화풍의 얼큰하고 개운한 퓨전 파스타예요.
우리가 흔히 먹는 해물과 채소를 넣고 굴소스로 간을 맞춰 만들어요.

1

2

재료 파스타면 1인분, 오징어(몸통) 1
마리, 모시조개·청경채 1줌, 새우 5마
리, 양파 1/3개, 깐 마늘 3쪽, 페페론
치노 3개, 치킨스톡 1개, 고추기름·굴
소스 1큰술, 맛술 1/2큰술, 후춧가루 1
꼬집

양파는 채썰고, 마늘을 얇게 썰
고, 껍질을 벗겨 손질한 오징어
는 링 모양으로 썬다.

끓는 물에 파스타면을 넣어 삶고
건진다.

3

4

달군 팬에 고추기름을 두르고 마
늘과 페페론치노를 넣어 향을 돋
우며 볶는다.

③에 양파, 모시조개, 새우, 오징
어, 맛술을 넣어 볶는다.

tip
파스타면은 다시 볶는 과정이 있으니
평소보다 1분 정도 덜 삶아요.
파스타면을 삶을 때
올리브유나 소금을 1작은술 정도씩 넣으면
면에 살짝 간이 배어 더욱 맛있어져요.

5

6

조개가 입을 벌리기 시작하면 굴
소스를 넣어 함께 볶는다. ②의
파스타면 삶은 물 1/2컵을 넣고
치킨스톡을 넣어 계속 볶는다.

재료가 거의 익어갈 무렵 면과
청경채를 넣어 볶다가 후춧가루
로 간을 맞춘다.

치킨스톡

서양 요리에 쓰이는 닭 육수
입니다. 고체나 가루의 형
태의 시판 치킨스톡을 끓는
물에 넣어 사용하면
편리해요.

매운누들샐러드

유명한 패밀리 레스토랑의 인기 메뉴 중 하나인 '멍빈누들'은
녹두 당면을 이용한 요리예요. 녹두 당면은 불지 않는다는 특징이 있는데,
새콤달콤하고 쫄깃한 맛이 일품이지요. 매콤해서 한국인 입맛에도 딱 맞는
태국식 샐러드로 가족들의 입맛을 사로잡아 보세요.

1

녹두 당면은 찬물에 30분 정도 담가 불린다.

2

양파와 깻잎은 채썰어 찬물에 담근다.

재료 녹두 당면 80g, 골뱅이 300g, 빨강 파프리카·노랑 파프리카·양파 1/3개, 깻잎 10장, 오이 1/2개

소스 고추장·사이다 2큰술, 2배 식초·스리라차 칠리소스 1.5큰술, 고운 고춧가루·설탕·올리고당 1큰술, 다진 마늘 1작은술

3

골뱅이는 물기를 제거해서 얇게 썰고 파프리카, 오이는 한입 크기로 썬다.

4

분량의 재료를 모두 섞어 **소스**를 만든다.

스리라차 칠리소스

스리라차 칠리소스는 청양고추보다 더 매운 타이 칠리를 주성분으로 만든 매운 소스로 대형 마트에서 쉽게 구할 수 있어요.

5

녹두 당면은 끓는 물에 넣어 1분간 삶아 찬물에 헹군다.

6

삶은 녹두 당면과 양파, 깻잎, 골뱅이, 파프리카, 오이에 **소스**를 넣어 버무려 낸다.

바질페스토파스타

바질은 아파트 베란다에서도 잘 자라는 허브로 파스타 등의
이탈리아 요리에 많이 사용되지요. 직접 키운 바질을 듬뿍 넣어
파스타를 만들었어요. 신선한 바질 향의 싱그러운 맛이
유명 레스토랑 부럽지 않은 홈메이드 파스타랍니다.

1

잣은 팬에 한 번 볶아 식히고 분
량의 재료를 준비한다.

2

재료 파스타면 1인분, 바질 30g, 잣
2.5큰술, 올리브유 1/3컵, 깐 마늘 3
쪽, 파르마산 치즈 2큰술, 소금 1/3작
은술

푸드 프로세서에 바질, 마늘, 파
르마산 치즈를 넣어 살살 간다.

3

②에 올리브유를 넣고 갈아 바
질페스토를 완성한다.

4

삶은 파스타면에 바질페스토를
넣고 소금과 파스타 삶은 물 1큰
술을 넣어 버무린다.

tip
남은 바질페스토는 병에 넣고,
올리브유를 부은 후
밀봉하여 냉장 보관해요.

푸드 프로세서

과일, 채소 등을 분쇄, 다지기, 믹서
기능으로 사용할 수 있는 가전이에
요. 바질페스토를 아주 곱게 갈면
맛이 덜하기에 믹서기 대신 푸드푸
로세서를 사용하는 것이 좋아요..

메밀비빔국수

Chapter 9 : 한 달에 한 번 즐기는 특별한 한 그릇 요리

싱싱한 채소를 듬뿍 넣은 메밀 비빔국수예요. 더운 여름 시원하게 먹기 좋은
면 요리 중 하나로, 채소와 들깨 소스가 어우러져 매콤하면서도
고소하고 아삭한 맛이 일품이지요.

쌈채소, 적양배추, 양배추는 손
으로 찢고 오이, 양파, 쑥갓, 깻
잎은 채썬다.

끓는 물에 메밀면을 넣어 6~7
분 정도 쫄깃하게 삶아 찬물에
헹군다.

분량의 재료를 섞어 **비빔 소스**를
만든다.

※닭 육수 만들기는 18쪽 참조

채소를 넣어 살살 섞은 뒤 접시에
담고 **비빔소스**를 적당히 올린다.

tip
양파는 채썰어 찬물에 담가
매운맛을 빼고 사용해요.

Chapter 4 : 한 달에 한 번 즐기는 특별한 한 그릇 요리

명란 크림 파스타는 일본식 파스타예요.
짭조름한 명란이 고소한 크림과 우유와 만나
감칠맛 나는 파스타가 되었지요. 고소하고 쫄깃한 명란을
톡톡 터뜨리며 씹는 재미가 있어요.

1

명란젓은 껍질을 제거하고 마늘
은 얇게 썰고 청양고추는 송송
썬다.

2

끓는 물에 파스타면을 넣어 삶고
건진다.

3

달군 팬에 올리브유를 두르고 마
늘을 넣어 향을 돋우다가 핫페퍼
와 청양고추를 넣어 볶는다.

4

③에 명란젓을 넣어 볶는다.

tip

파스타면을 삶을 때
올리브유나 소금을 1작은술 정도씩 넣으면
면에 살짝 간이 배어 더욱 맛있어져요.

5

④에 우유와 생크림을 넣어 끓
인다.

6

보글보글 끓는 크림소스에 삶은
파스타면을 넣고 볶는다.

7

소금과 후춧가루로 간을 맞추고
그라나빠다노 치즈를 넣어 한 번
더 볶은 후 김채를 올린다.

간장비빔국수

친정아빠가 국수를 좋아하셔서어릴 때부터 자주 먹었어요.
약간의 볶은 채소와 담백한 간장 소스, 소면이 어우러진
자극적이지 않고 담백한 맛이 일품이에요.

당근은 채썰고 애호박은 나박나박 얇게 썬다.

마른 표고버섯은 미지근한 물에 불린 후 채썰어 밑간한다.

표고버섯과 애호박, 당근은 달군 팬에 식용유를 두르고 볶는다.

달걀은 풀어서 달군 팬에 식용유를 두른 뒤 지단을 부쳐 채썬다.

소면은 끓는 물에 넣고 쫄깃하게 삶아 찬물에 헹군다.

분량의 재료를 섞어 간장 소스를 만든다.

면과 애호박, 표고버섯, 당근을 간장 소스에 비빈 후 달걀지단과 김가루를 얹어 낸다.

Chapter 4 : 한 달에 한 번 즐기는 특별한 한 그릇 요리

감자옹심이는 강원도 정선, 영월 등지에서 쌀이 모자라던 시절,
구황작물인 감자로 만들어 먹기 시작한 요리예요.
옹심이는 '새알심'의 방언이지요. 간 감자를 동그랗게 빚어 멸치 육수에 끓이면
쫀득하면서도 담백한 맛의 감자옹심이 완성!

1

애호박은 나박썰고 양파와 당근
은 채썰고 대파는 어슷썬다.

2

감자는 강판에 간다.

재료 멸치 육수 2.5컵, 감자(중) 4개,
양파 · 당근(2cm 두께) 1/4개 애호박
1/5개, 대파 1/4대, 다진 마늘 · 국간장
1/2작은술, 소금 · 후춧가루 1꼬집

3

간 감자는 체에 밭쳐 물기를 제
거한다.

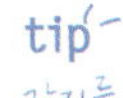

4

③에서 짜낸 물을 따라내고, 가
라앉은 녹말 앙금을 감자 건더기
에 넣어 반죽한 후, 동글동글 한
입 크기로 빚는다.

tip
감자를 갈아서 면보 등에 넣어
꼭 짜낸 후 녹말 앙금을 꼭 섞어야
쫄깃하고 맛있는 옹심이를 만들 수 있어요.

5

멸치 육수가 팔팔 끓으면 동그랗
게 빚은 옹심이를 넣고 다진 마
늘과 국간장을 넣어 끓인다.

※멸치 육수 만들기는 16쪽 참조

6

⑤가 보글보글 끓으면 애호박과
당근, 양파를 넣고 계속 끓인다.

7

옹심이가 동동 떠오르며 끓으면
대파를 넣고 소금과 후춧가루로
간을 한 뒤 한소끔 더 끓인다.

굴국수

스무 살 때 즈음, 학암포로 놀러 갔을 때 민박집 아주머니께 배운 음식이에요.
민박집 앞 해안가에서 채취한 자연산 굴과 무를 듬뿍 넣어 끓인 시원한 무굴국에
국수를 말아 먹었더니 담백하고 맛있었어요. 지금은 저보다 남편이
더 좋아하는 우리 집 대표 메뉴랍니다.

멸치 육수를 진하게 낸다.

※멸치 육수 만들기는 16쪽 참조

무는 채썰고 대파와 청양고추는
송송 썰고 굴은 씻어서 손질한다.

tip
생굴은 소금물에 살살 흔들어 씻어야
먹을 때 지글거리지 않습니다.

재료 국수면 1인분, 멸치 육수 4컵,
굴 2/3컵, 무(두께 3cm) 1토막, 대파
1/4대, 청양고추 1개, 국간장 1큰술, 소
금·다진 마늘 1/2작은술, 후춧가루 1
꼬집

양념장 간장 1큰술, 다진 파 2큰술,
들기름·고춧가루 1/2큰술, 깨소금 1
작은술, 설탕 1꼬집

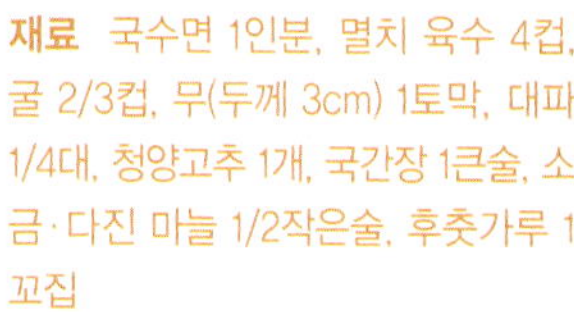

육수 4컵을 냄비에 넣고 채썬 무
를 넣은 후 센불에 올려 끓인다.

③이 보글보글 끓으면 굴을 넣
고 국간장과 다진 마늘을 넣어
함께 끓인다.

무가 무르게 익을 정도로 끓으면
대파와 청양고추를 넣고 소금과
후춧가루로 간을 맞춘 뒤 한소끔
더 끓인다.

분량의 재료를 섞어 **양념장**을 만
든다.

국수는 삶아 사리를 틀어 그릇에
담는다.

국수에 ⑤를 살포시 부은 후 **양념
장**을 적당히 곁들여 낸다.

여고 시절, 학교 앞 분식점의 쫄면은 어찌나 맛있던지요.
아삭한 채소 듬뿍 넣어 만든 홈메이드 쫄면은 그 시절 그 맛 그대로인 것 같아요.
새콤달콤 여고 시절의 추억이 담겨 있어 언제 먹어도 맛있어요.

1

양배추, 당근, 오이는 채썬다.

2

콩나물은 아삭하게 데친다.

3

분량의 재료를 모두 섞어 **소스**를
만든다.

4

쫄면은 가닥가닥 떼어 끓는 물에
넣고 삶은 후 찬물에 헹궈 물기
를 뺀다.

tip
쫄면을 삶은 후 찬물에
충분히 조물거리며 헹궈야
미끌거리지 않아요.

5

그릇에 쫄면을 담고 채소를 골
고루 담은 후 **소스**를 뿌리고 삶은
달걀을 올린다.

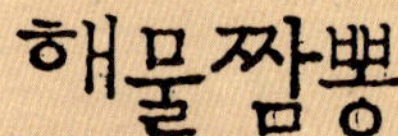

해물짬뽕

신선한 채소와 제철 해물을 듬뿍 넣어 진하게 끓인
홈메이드 짬뽕은 담백하고 시원한 맛이 일품이에요.
조미료를 전혀 넣지 않아 안심하고 먹을 수 있는 건강한 별미지요.

Chapter 9 : 한 달에 한 번 즐기는 특별한 한 그릇 요리

재료 닭 육수 1.5컵, 물 1.5컵, 돼지고기 100g, 오징어 1/2마리, 새우 5마리, 바지락 100g,
배추 50g, 당근 1/6개, 목이버섯 15g, 애호박 1/5개, 양파 1/4개, 대파 1/2대,
다진 마늘 1작은술, 고춧가루 2큰술, 생강가루 1/4작은술, 소금 1/3작은술,
후춧가루 1꼬집, 식용유 1.5큰술, 생칼국수면 1인분
돼지고기 밑간 청주 1작은술, 소금 1꼬집

돼지고기는 채썰어 밑간하고 배
추, 당근, 목이버섯, 애호박, 양
파, 대파는 채썬다. 오징어는 먹
기 좋은 크기로 썬다.

달군 팬에 식용유를 두르고 대파
와 다진 마늘을 넣어 향을 돋우다
가 돼지고기를 넣어 함께 볶는다.

②에 배추, 당근, 애호박, 양파를
넣어 함께 볶다가 고춧가루를 넣
어 계속 볶는다.

③에 새우, 바지락, 오징어를 넣
어 볶는다.

재료가 다 볶아지면 닭 육수 1컵
을 넣어 부르르 한 번 끓인다.

※닭 육수 만들기는 18쪽 참조

⑤에 남은 육수 1/2컵과 물 1.5
컵을 붓고 목이버섯을 넣어 끓이
다가 소금과 후춧가루로 간을 맞
춘 뒤 한소끔 더 끓인다.

끓는 물에 생칼국수면을 넣어 삶
고 물기를 뺀 뒤 그릇에 담는다.

⑦에 ⑥을 넉넉히 부어 낸다.

팥칼국수

팥은 혈액순환과 해독에 좋은 음식이에요.
팥을 푹 익혀 만든 달콤한 팥 국물에 쫄깃한 칼국수면을 넣어
끓여 먹으면 몸은 물론 마음도 따뜻해져요.

팥은 깨끗이 씻어 냄비에 넣고 팥이 잠길 정도로 물을 부은 뒤 삶는다. 삶은 첫 물은 버리고 다시 물 1.5L를 넣고 끓인다. 끓기 시작하면 중불로 줄여 삶는다.

팥알이 익고 팥과 국물이 3컵 정도 남을 때까지 끓인다.

믹서기에 ②를 넣어 곱게 간 후 체에 한 번 밭쳐 내린다.

생칼국수면은 끓는 물에 넣고 2/3정도 삶아 찬물에 헹궈 쫄깃하게 만든다.

③의 팥물에 면을 넣고 저어가며 한소끔 더 보글보글 끓인다.

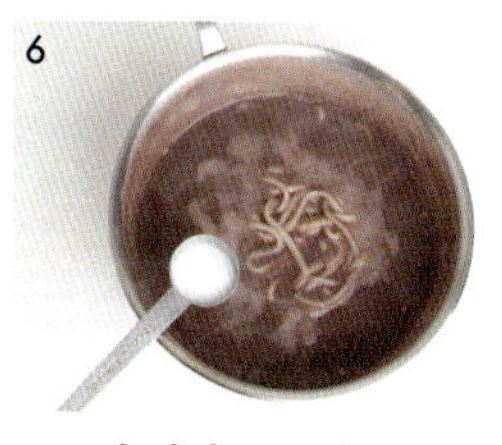

소금과 설탕으로 간을 맞춘다.

엔초비루꼴라파스타

엔초비는 멸치 같은 생선의 뼈를 제거한 뒤 올리브유와 소금에 절여 만든
이탈리아의 건강한 음식재료입니다. 파스타나 피자, 샐러드 등 다양한 음식에
두루 사용해요. 엔초비의 짭조름한 맛이 적절히 어우러진 파스타에
루꼴라를 얹어 향긋하게 즐겨보세요.

엔초비는 채썰고, 방울토마토는
반으로 썰고, 마늘과 블랙 올리브
는 얇게 썰고, 양파는 잘게 썬다.

끓는 물에 파스타면을 넣고 삶은
뒤 건진다.

달군 팬에 올리브유를 두르고 마
늘과 양파를 넣어 향을 돋우며
볶는다.

③에 새우와 방울토마토, 블랙
올리브, 엔초비를 넣고 볶는다.

tip

파스타면을 삶을 때 올리브유와 소금을 1
작은술 정도씩 넣으면 면에 살짝 간이
배어 더욱 맛있어져요.

④에 삶은 파스타면과 루꼴라를
넣어 함께 볶고 후춧가루로 간을
맞춘다.

완성된 파스타를 접시에 담고 그
라나빠다노 치즈를 갈아 올린다.

Chapter 9 : 한 달에 한 번 즐기는 특별한 한 그릇 요리

떡볶이는 남녀노소 누구나 좋아하는 대한민국 대표 간식이에요.
평범한 떡볶이와는 살짝 다르게 대파를 많이 넣어 만들면,
매콤하면서도 달큼한 맛이나고 건강에도 더 좋아요.

떡볶이떡은 찬물에 헹구고, 어묵은 한입 크기로 썰고, 대파는 어슷썬다.

멸치 육수에 고추장, 고춧가루, 간장, 설탕, 다진 마늘, 청주를 넣어 섞고 어묵과 떡을 넣어 끓인다.

※멸치 육수 만들기는 16쪽 참조

②의 국물이 반으로 줄고 보글보글 끓으면 삶은 달걀을 넣어 함께 볶는다.

대파를 듬뿍 넣고 후춧가루를 넣어 한번 더 볶는다.

재료 떡볶이떡 300g, 대파 1대, 삶은 달걀 2개, 어묵 2장, 멸치 육수 2컵, 고추장·올리고당 1큰술, 설탕 1/2큰술, 다진 마늘·고춧가루·청주·간장 1작은술, 후춧가루 1꼬집

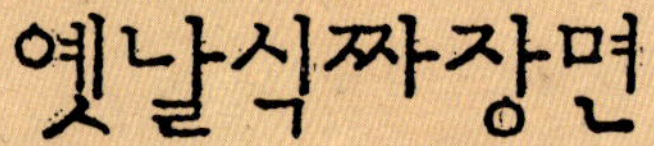

옛날식짜장면

어릴 적 가장 좋아했던 음식은 바로 짜장면이었어요.
이젠 배가 고플 때 전화 한 통이면 쉽게
먹을 수 있는 음식이 되었지요. 조미료 없이
싱싱한 재료로 정성껏 만들면 옛 추억까지 듬뿍 담긴
맛있는 짜장면이 완성되지요.

Chapter 4 : 한 달에 한 번 즐기는 특별한 한 그릇 요리

재료 생면 170g, 춘장 3큰술, 양파·감자 1개, 양배추·주키니 호박 1/4개, 돼지고기 120g,
오이 1/3개, 대파 1/3대, 설탕 2/3작은술, 다진 마늘·굴소스·맛술 1작은술,
물녹말(물:녹말가루=1:1) 2큰술, 물 1.5컵, 식용유 적당량
돼지고기 밑간 소금 1꼬집, 후춧가루 약간, 청주 1작은술

1 양파, 양배추, 감자, 주키니 호박, 대파는 큼직하게 깍둑썰고 오이는 채썰고 돼지고기는 밑간한다.

2 달군 팬에 춘장과 식용유 3큰술을 넣어 볶고 기름기를 뺀다.

3 달군 팬에 식용유를 두르고 돼지고기와 다진 마늘을 넣어 볶다가 감자를 넣어 계속 볶는다.

4 ③에 양파, 양배추, 주키니 호박, 대파를 넣어 볶는다.

5 ④에 볶아 놓은 춘장을 넣어 함께 볶는다.

6 ⑤에 물을 넣어 재료가 푹 익도록 끓인다.

7 ⑥에 물녹말을 넣어 농도를 맞추며 끓인다.

8 끓는 물에 생면을 넣어 쫄깃하게 삶는다.

9 삶은 면을 그릇에 담고 ⑦을 적당히 부은 후 오이를 올린다.

Chapter 9 : 한 달에 한 번 즐기는 특별한 한 그릇 요리

카레라이스가 식상하게 느껴지는 날,
혹은 카레를 조금 더 특별하게 즐기고 싶은 날, 카레 우동을 만들어보세요.
아이와 어른 모두가 좋아하는 메뉴랍니다.

양파는 채썰고 대파는 송송 썰고
쇠고기는 밑간한다.

달군 팬에 식용유를 두르고 양파
가 투명해질 때까지 볶다가 쇠고
기를 넣어 함께 볶는다.

②에 닭 육수를 붓고 카레 가루
와 쯔유를 넣어 함께 끓인다.

※닭 육수 만들기는 18쪽 참조

③에 고형 카레를 넣어 풀어주
며 끓인다.

끓는 물에 우동면을 넣어 삶고
물기를 뺀다.

우동면에 카레를 붓고 대파를 올
려 낸다.

비빔만두

아삭한 채소와 구운 만두에 고추장 소스를 곁들이면 새콤달콤 맛있지요.
남녀노소 누구나 좋아하는 맛일 거에요. 비주얼도 훌륭해서
손님 초대상에 올려도 손색없어요.

1 

양배추, 깻잎, 양파는 채썬다.

2 

얼음물에 ①을 담가 아삭함을
더한 뒤 스피너(채소 탈수기)에
넣어 물기를 제거한다.

3 

달군 팬에 식용유를 두르고 만두
를 노릇노릇하게 굽는다.

4 

분량의 재료를 섞어 고추장 소스
를 만든다.

5 

만두와 채소를 접시에 담고 고추
장 소스를 뿌려 낸다.

바지락수제비

바다 내음이 가득한 바지락 수제비는 언제 먹어도 질리지 않는 별미지요.
가족들 모두 모인 주말, 이마에 땀이 나도록 얼큰하고 시원하게 만들어보세요.

1

분량의 재료를 넣고 **수제비 반죽**을 만든 뒤, 비닐 팩에 넣어 냉장고에서 30분 이상 숙성시킨다.

2

애호박은 나박썰고 당근은 채썰고 대파, 청양고추는 송송 썬다. 맛타리버섯은 먹기 좋은 크기로 찢는다.

재료 바지락 1컵, 멸치 육수 4컵, 고추장·국간장 1큰술, 고춧가루 2/3큰술, 다진 마늘 1/2큰술, 애호박 1/3개, 맛타리버섯 1줌, 청양고추 1개, 당근(2cm 두께) 1/4개, 대파 1/4대, 소금 2/3작은술, 후춧가루 1꼬집

수제비 반죽 밀가루 1컵, 감자 전분 1큰술, 물 1/3컵, 식용유 1/2큰술, 소금 1꼬집

3

멸치 육수에 고추장, 고춧가루, 국간장, 다진 마늘을 넣고 풀어주며 끓이다가 바지락을 넣어 함께 끓인다.

※멸치 육수 만들기는 16쪽 참조

4

③에 **수제비 반죽**을 얇게 떠서 넣으며 끓인다.

tip
바지락은 반드시 소금물에
해감해서 사용해요.

5

④에 애호박, 청양고추, 당근, 맛타리버섯을 넣어 계속 끓인다.

6

대파를 넣고 소금과 후춧가루로 간을 맞춰 한소끔 더 끓인다.

맥앤치즈

맥앤치즈는 치즈가 듬뿍 들어간 고소한 음식이에요.

미국인들에게는 우리나라의 떡볶이와도 같은 존재죠.

고소한 치즈의 풍미를 느낄 수 있어요. 간식이나 간단한 한 끼 식사로 좋아요.

1

베이컨은 기름기가 쫙 빠지도록 바삭하게 구워 잘게 썬다.

2

마카로니는 끓는 물에 넣어 7~8분간 삶아 물기를 뺀다.

3

달군 팬에 버터와 밀가루를 섞어 연한 갈색이 나도록 볶는다.

4

③에 우유를 붓고 넛맥, 소금, 후춧가루를 넣어 끓인다.

5

④에 체다 치즈를 넣고 치즈가 녹을 정도로 저어가며 끓인다.

6

⑤에 마카로니를 넣어 한소끔 더 끓인 뒤, 그릇에 담고 구운 베이컨을 올려 낸다.

콩국수

더운 여름날 얼음 동동 띄운 시원한 콩 국물에 소면을 말아 먹으면
더위가 한결 가시지요. '밭에서 나는 우유'라 불리는 콩에는 식물성 단백질이
가득한데요, 시원하게 만든 콩물에 쫄깃한 소면을 더하면 한 끼 식사로 거뜬하지요.
더운 여름 시원한 콩국수로 땀을 식혀 보세요.

콩은 깨끗이 씻어 6시간 이상 불린다.

불린 콩에 물을 자작하게 붓고 끓이다가 보글보글 끓기 시작하면 4분 정도 더 끓인다.

삶아진 콩은 찬물에 헹궈 손으로 문질러 콩 껍질을 깐다.

껍질 깐 콩을 믹서기에 넣고 볶은 참깨와 생수를 넣어 곱게 간 후 체에 한 번 밭쳐 내린다.

④의 콩물을 냉장고에 넣어 시원하게 만든다.

오이는 채썰고 방울토마토는 반으로 자른다.

소면을 삶아 사리를 틀어 그릇에 담고 ⑤의 콩물에 소금 간을 한 후 붓는다. 얼음과 오이, 방울토마토를 얹어 낸다.

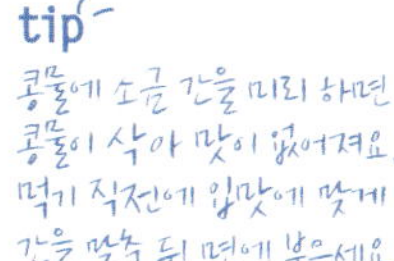

갑오징어볶음과 소면

씹는 맛이 좋은 갑오징어는 저지방, 저칼로리, 고단백 식품으로
다이어트에도 좋아요. 매콤하게 볶아 약간의 소면을 곁들여 내면
가벼우면서도 든든한 한 끼 식사가 된답니다.

미나리는 3~4cm 길이로 썰고 양파는 채썰고 당근은 나박썬다. 대파, 청양고추는 어슷썬다.

갑오징어는 내장을 제거하고 깨끗이 손질해 물기를 없애고 한입 크기로 썬다.

재료 갑오징어(중) 3마리, 양파 1/2개, 대파 1/4대, 당근 1/6개, 청양고추 1개, 미나리 1줌, 통깨 약간, 식용유 적당량, 소면 1인분

볶음 양념 고추장·올리고당·다진 마늘·맛술·매운 고춧가루 1큰술, 간장·설탕·참기름 1/2큰술, 후춧가루 1 꼬집

갑오징어에 **볶음 양념** 재료를 넣어 조물조물 무친 다음, 달군 팬에 식용유를 두르고 볶는다.

갑오징어가 70% 정도 익으면 당근, 양파, 청양고추를 넣어 함께 볶는다.

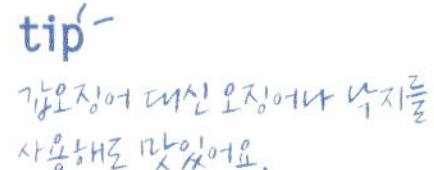

tip
갑오징어 대신 오징어나 낙지를
사용해도 맛있어요.

미나리와 대파를 넣어 한 번 더 볶는다.

끓는 물에 소면을 삶아 건져 찬물에 헹궈 물기를 뺀다.

접시에 ⑤와 소면을 담고 통깨를 뿌려 낸다.

주말 낮에
즐기는
간식거리

온 가족이 모두 모인 주말 오후, 심심한 입맛을 달래는 영양 만점 간식을 준비합니다. 달콤한 간식의 맛은 일상 메뉴와는 또 다른 특별함이 있지요. 회사 일에, 공부에 지친 가족의 마음을 힐링해주는 맛이랄까. 엄마의 정성과 사랑이 듬뿍 담긴 맛있는 간식을 한 그릇에 담았답니다.

방울토마토부르스케타

부르스케타(bruschetta)는 바게트에 치즈, 과일, 채소, 소스 등을 얹은
이탈리아 요리예요. 이탈리아에서는 주로 애피타이저나 사이드 디쉬로 먹어요.
만들기 간단하고 맛이 좋아 가벼운 식사나 간식으로 챙겨 먹기 좋고,
특별한 날 핑거 푸드로 와인과 함께 멋스럽게 담아 내도 훌륭해요.

방울토마토는 깨끗이 씻어 물기
를 제거하고 잘게 썬다.

양파와 모차렐라 치즈는 작게
깍둑썰고 파슬리는 다지듯 잘게
썬다.

재료 방울토마토 20~30개, 양파 1/3
개, 다진 파슬리 1큰술, 바질잎 6~7
장, 생모차렐라 치즈 120g, 올리브유
4큰술, 소금 1/3작은술, 후춧가루 약
간, 레몬·바게트 1/2개, 깐 마늘 2쪽

①과 ②, 다진 파슬리 섞은 뒤 올
리브유, 소금, 후춧가루를 넣고
레몬을 짜 넣고 섞는다.

약불로 달군 팬에 바게트를 올려
노릇노릇 앞뒤로 굽는다.

깐 마늘을 편편하게 잘라 구운
바게트 위에 올린다.

⑤에 ③을 듬뿍 얹고 바질잎을
올려 낸다.

애플타르트

달콤하고 향긋한 애플 타르트는 차나 커피와
잘 어울려요. 손님이 오셨을 때 티 푸드로 대접하기도,
아이의 영양 간식으로 준비하기도 좋아요.

밀가루와 베이킹파우더, 슈가파우더는 체에 한 번 내린 후 찬 버터를 넣고 스크래퍼로 자르듯 섞어 고슬하게 만든다.

①에 달걀노른자와 찬물을 넣어 **타르트 반죽**을 뭉친다.

타르트 반죽은 비닐 팩에 넣은 뒤 냉장고에서 1시간 정도 휴지시킨다.

애플 컴포트에 넣을 사과를 잘게 자른다.

물에 설탕을 넣어 섞지 않고 약불에서 갈색이 나도록 끓인다.

④를 ⑤에 넣고 졸이다 레몬즙을 넣고 함께 졸여 **애플 컴포트**를 만든다.

냉장고에서 반죽을 꺼내 밀대로 4~5mm 두께 정도로 밀어 판판하게 한 후 파이틀에 넣어 파이틀 모양대로 반죽을 잘라내고 포크로 바닥에 구멍을 만든다.

⑦에 애플 컴포트를 듬뿍 올린다.

사과를 얇게 썰어 ⑧ 위에 얹고 시나몬 가루와 설탕을 섞어 뿌린다. 200℃로 예열 된 오븐에서 10분 구운 뒤 180℃에서 25분 정도 더 굽는다.

257

얼그레이파운드케이크

Chapter 5 : 주말 낮에 즐기는 간식거리

얼그레이 티의 향긋함과 케이크의 촉촉함이 만난 케이크예요.
아이들 간식으로도 좋고, 티 타임에 차와 함께 내도 좋고,
예쁘게 포장해 선물해도 좋답니다.

실온에서 말랑해진 버터를 크림화한 후 설탕을 조금씩 넣어가며 휘핑한다.

①에 달걀을 풀어 조금씩 흘려 넣으며 재빠르게 휘핑한다.

②에 밀가루, 베이킹파우더, 소금을 체에 내려 살살 섞는다.

③에 얼그레이 티를 넣고 살살 섞어 반죽한다.

파운드케이크틀에 유산지를 깔고 ④의 반죽을 편편하게 깐다.

170℃로 예열 된 오븐에 30분 정도 구운 뒤 식힌다.

바나나춘권

춘권피에 바나나와 단호박을 넣어 말아 튀긴 요리로
고소해서 아이들이 참 좋아해요. 차나 우유를 한 잔 곁들이면
한 끼 식사로도 훌륭해요.

1

단호박은 쪄서 으깬 후 뜨거울 때 버터를 넣어 섞는다.

2

바나나는 삼등분해서 손가락 두 께로 썬다.

3

춘권피 가장자리에 달걀 물을 바르고 으깬 단호박과 바나나를 올린 뒤 시나몬 가루를 솔솔 뿌린 후 돌돌 만다.

4

달군 기름에 ③을 넣어 노릇하게 튀긴다.

5

튀긴 춘권은 키친타올 위에 올려 기름기를 뺀다.

6

접시에 춘권을 담고 슈가파우더와 초콜릿 시럽을 적당히 뿌려 낸다.

Chapter 5 : 주말 낮에 즐기는 간식거리

단호박은 맛과 영양이 뛰어난 식품으로 탄수화물, 섬유질,
비타민과 미네랄 등이 풍부해 성장기 아이들에게 좋아요.
칼로리가 낮아 다이어트식으로도 좋으니 자주 챙겨 드세요.

단호박은 속을 파내고 보트 모양
으로 썬다.

단호박에 꿀 2큰술을 올리고 찜
통에 찐다.

재료 단호박 1/3통, 모둠 견과·꿀 3
큰술, 크랜베리·올리고당 1큰술, 간장
1/3작은술

잣, 아몬드, 호두 등의 모둠 견과
는 달군 팬에 한 번 볶아 고소함
을 더한다. 크랜베리, 남은 꿀,
간장, 올리고당을 넣고 섞는다.

단호박을 접시에 올리고 ③을
듬뿍 올려 낸다.

tip
단호박은 김이 오른 후 모양이
흐트러지지 않도록 주의하며
5~6분 정도 쪄요.

고구마맛탕

고구마는 다이어트 식품으로 각광받는 뿌리채소지요.
쪄 먹어도 맛있고 구워 먹어도 맛있어요. 가끔 아이들이 좋아하는 달콤한 맛탕으로
만들어 먹으면 어떨까요? 우리 가족 간식으로 참 맛있는 한 그릇 요리랍니다.

고구마는 깨끗이 씻어 한입 크기
로 썬다.

고구마를 찬물에 20~30분 정도
담가 전분을 뺀 뒤 물기를 제거
한다.

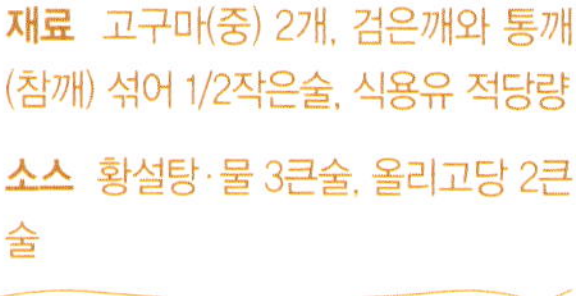

재료 고구마(중) 2개, 검은깨와 통깨
(참깨) 섞어 1/2작은술, 식용유 적당량

소스 황설탕·물 3큰술, 올리고당 2큰
술

달군 기름에 고구마를 튀긴다.

팬에 황설탕, 물, 올리고당을 넣
어 갈색이 나도록 약불에서 끓여
소스를 만든다.

tip
화상의 위험이 있으니
고구마의 물기를 안전히 제거한 후
튀기세요.

고구마를 **소스**에 넣어 재빠르게
버무린다.

⑤에 검은깨와 통깨를 뿌려 버
무린다.

옛날팥빙수

Chapter 5 : 주말 낮에 즐기는 간식거리

빙수야~ ♪ 팥빙수야~ ♪♬ 사랑해 사랑해~ ♬
여름에 시원한 빙수 한 그릇을 먹으면 더위와 갈증을 잊을 만하지요.
어릴 적 먹던 담백하고 달지 않은 맛의 시원한 팥빙수를
주말 별식으로 준비해보세요.

팥은 깨끗이 씻은 뒤 팥이 잠길 정도로 물을 부어 끓인다. 끓기 시작하면 5분 정도 삶다가, 삶은 물을 따라 버리고 다시 5컵의 물을 부어 부드럽게 으깨질 정도로 삶는다.

물과 설탕을 넣어 젓지 말고 약불에서 양이 반으로 줄 때까지 졸여 **시럽**을 만든다.

재료 팥 1컵, 물 5컵, 올리고당·연유 1큰술, 소금 1/4작은술, 얼음 1.5컵, 미숫가루 1작은술, 우유 1/3컵, 찰떡 1개

시럽 물·설탕 2/3컵

익힌 팥에 **시럽**과 소금을 넣어 팥이 자작해질 정도로 졸인다.

③에 올리고당을 섞고 식힌 후 냉장 보관한다.

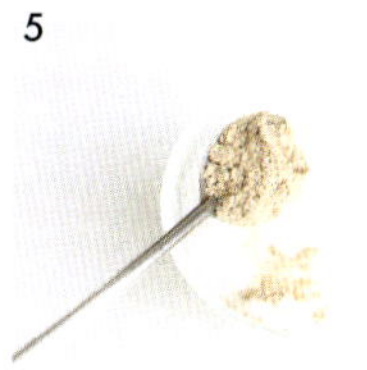

간 얼음에 우유를 붓고 미숫가루를 올린다.

졸인 팥을 듬뿍 올리고 연유와 떡도 올려 낸다.

두부채소볼크로켓

두부에 채소를 듬뿍 넣고 빵가루를 묻혀 고소하게 튀겼어요.
담백하고 고소한 맛이 가족을 위한 영양 간식으로 최고예요.

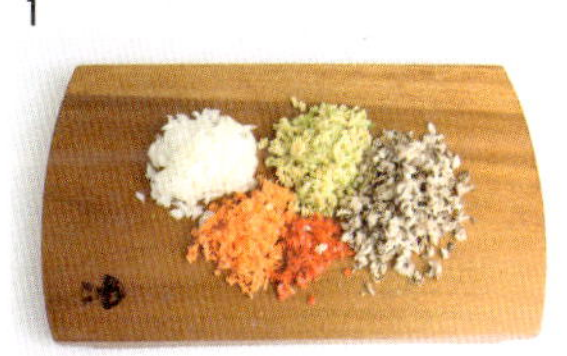

1

양파, 당근, 애호박, 맛타리버섯, 홍고추는 잘게 다져서 준비한다.

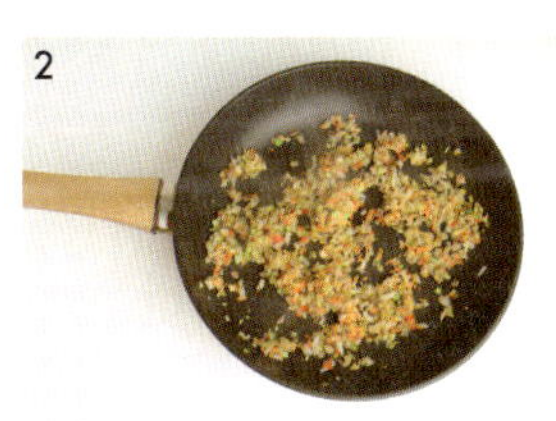

2

달군 팬에 ①을 넣고 소금을 1꼬집 넣어 수분을 날리며 볶는다.

재료 부침용 두부 1모, 양파 1/3개, 당근 1/6개, 애호박 1/5개, 맛타리버섯 1/2줌, 달걀·홍고추 1개, 전분 4큰술, 빵가루 1컵, 파슬리 가루·후춧가루 약간, 소금 1/3작은술, 식용유 적당량

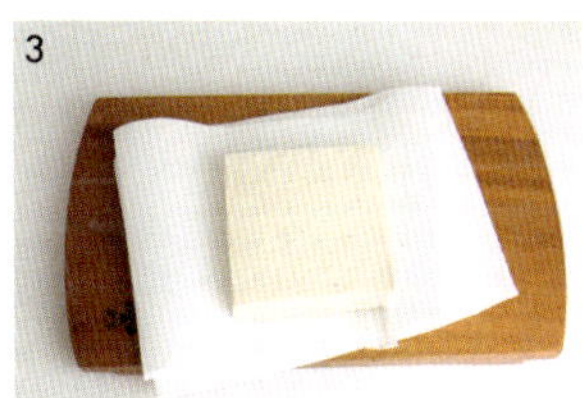

3

두부는 면보에 싸서 물기를 꼭 짠다.

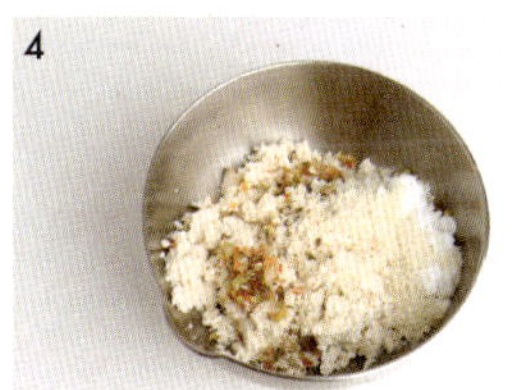

4

볼에 ②, ③, 빵가루 2큰술, 소금 1/3작은술, 후춧가루를 넣어 반죽한 후 동글동글하게 빚는다.

tip

빵가루가 너무 건조하면 튀길 때 겉이 너무 빠르게 타버릴 수 있어요. 빵가루에 찬물을 조금 넣어 촉촉하게 해주면 노릇노릇 예쁘게 튀겨져요.

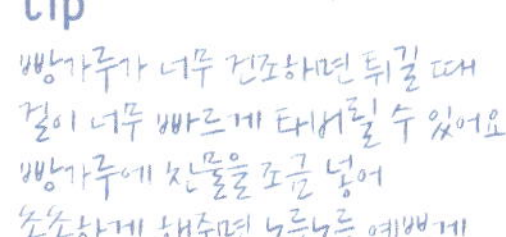

5

④에 전분 옷을 입히고 달걀옷을 입힌다.

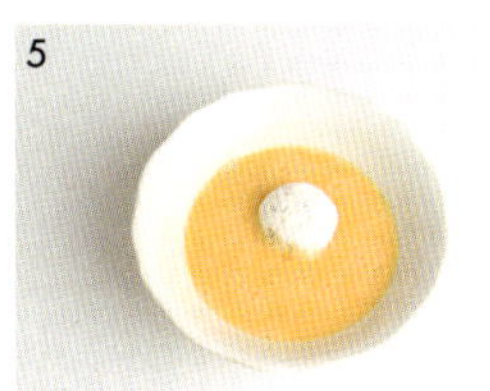

6

⑤에 빵가루와 파슬리 가루를 약간 섞은 튀김옷을 입힌다.

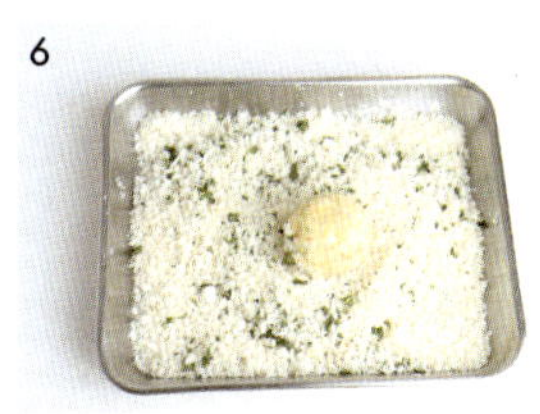

7

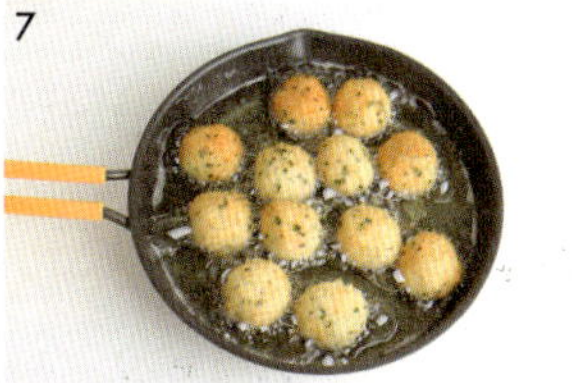

달군 기름에 ⑥을 넣어 노릇노릇하게 튀긴다.

땅콩샤브레

바삭바삭 고소한 땅콩 샤브레는 갈라진 모양이 참 매력적이에요.
커피나 차에 곁들여 티 푸드로 내면 센스있다는 칭찬을 받을 거예요!
엄마표 홈메이드 땅콩 샤브레에 우유를 곁들이면
아이들 간식으로도 그만이지요.

실온의 버터와 땅콩버터를 넣고 섞어 크림화 한다.

황설탕과 설탕을 조금씩 넣으며 휘핑한다.

달걀물을 조금씩 흘려 넣으며 휘핑한다.

③에 밀가루, 베이킹소다, 베이킹파우더, 소금을 체에 내려 살살 섞어 반죽한다.

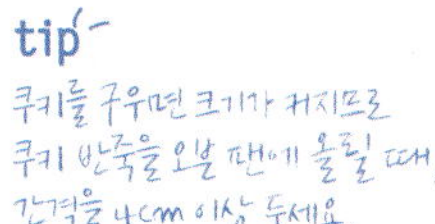

④의 반죽을 랩에 동그랗게 말아 감고 냉동실에 넣어 1시간 정도 둔다.

냉동실에서 반죽을 꺼내 0.7cm 정도의 두께로 썰어 175℃로 예열 된 오븐에서 10~12분 정도 굽는다.

쿠키가 다 구워지면 식힘망 위에 올려 식힌다.

미니핫도그

어릴 적, 엄마를 따라 시장에 갈 때마다 설탕 옷 듬뿍 입은
커다란 핫도그를 먹었던 기억이 나요. 추억 속 그 핫도그를
조금 더 건강한 간식으로 만들었어요.

재료 미니 소시지 10개, 밀가루 1컵, 찬물 2/3컵, 설탕 1큰술, 소금 1꼬집, 베이킹파우더 3g, 빵가루 1/2컵, 식용유 적당량

소시지는 끓는 물에 데쳐 물기를 제거한 뒤 꼬챙이에 꽂는다.

밀가루, 찬물, 설탕, 베이킹파우더, 소금을 넣어 반죽한다.

소시지에 반죽을 입힌다.

달군 기름에 ③을 넣어 튀긴다.

한 번 튀긴 소시지에 반죽을 또 입힌다.

tip
핫도그에 설탕, 머스터드 소스, 케첩을 뿌려 먹어요.

⑤에 빵가루를 묻힌다.

⑥을 달군 기름에 넣어 한번 더 노릇하게 튀겨 낸다.

아코디언포테이토

악기 아코디언을 연상시키는 재미있는 모양의 감자구이예요.

겉은 바삭하고 속은 포슬한 그 맛이 일품이지요.

재미있게 생긴 요리를 가족과 함께 먹는 시간이 참 즐거워요.

1

2

전자레인지에 녹인 버터와 소금, 후춧가루, 올리브유를 섞어 버터 오일을 만든다.

감자는 깨끗이 씻은 뒤 얇게 썬다. 감자가 완전히 잘리지 않도록 주의한다.

3

4

오븐 팬에 감자를 올리고 사이사이에 버터 오일을 잘 바른 후 200℃로 예열 된 오븐에 40~50분 정도 굽는다.

구워지는 정도를 체크하며 굽는 중간중간 버터 오일을 꼼꼼하게 덧바른다. 다 구워지면 뜨거울 때 파르마산 치즈와 파슬리 가루를 뿌려 낸다.

생크림스콘

Chapter 5 : 주말 낮에 즐기는 간식거리

스콘은 영국의 전통 과자예요. 딸기잼, 살구잼, 요거트, 크림 등을
곁들여 먹으면 더 맛있어요. 생크림을 넣은 부드러운 스콘과
향긋한 커피 한 잔에 주말이 행복해져요.

체에 내린 밀가루, 베이킹파우더, 소금에 설탕을 넣는다.

①에 달걀과 생크림을 넣어 섞는다.

재료 밀가루(중력분) 120g, 밀가루(박력분) 100g, 베이킹파우더 6g, 생크림 180g, 달걀 1/2개, 설탕 30g, 럼에 절인 크랜베리 50g, 소금 1꼬집, 우유 1 큰술

②에 럼에 절인 크랜베리를 넣어 섞은 후 반죽을 뭉쳐 냉장고에서 30분 정도 휴지시킨다.

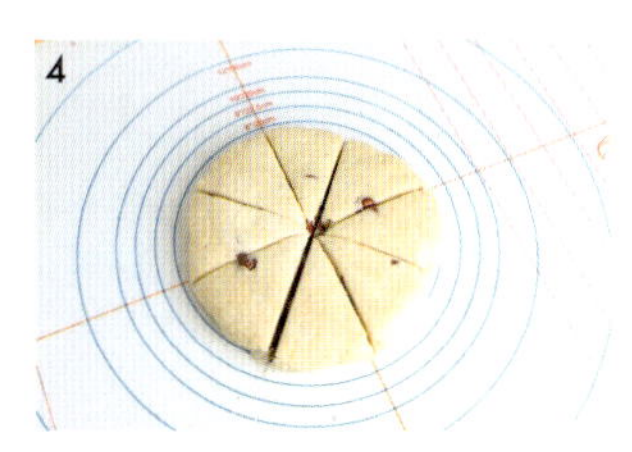

휴지시킨 반죽을 꺼내 동그랗게 성형한 후 6등분 한다.

반죽을 오븐 팬에 올린 후 윗면에 우유를 발라 180℃로 예열 된 오븐에 20분 정도 굽는다.

노릇하게 구워져 나온 스콘을 식힘망에 올려 식힌 뒤 딸기잼 등을 곁들여 낸다.

tip

오븐마다 내열이 조금씩 다르니 구워지는 정도를 체크하며 구워요.

향이네 참 쉬운 한 그릇 요리

2014년 4월 1일 초판 3쇄 인쇄
2014년 4월 11일 초판 3쇄 발행

지은이 | 함지영
발행인 | 이원주

발행처 | (주)시공사
출판등록 | 1989년 5월 10일 (제3-248호)

주소 | 서울시 서초구 사임당로 82 (우편번호 137-879)
전화 | 편집 (02)2046-2863 · 영업 (02)2046-2800
팩스 | 편집 (02)585-1755 · 영업 (02)588-0835
홈페이지 | www.sigongsa.com

ISBN 978-89-527-6965-7 13590